百鸟竞翔

主编 王 武 虞定华 李云侠

Birds in Campus

科学出版社

北京

内 容 简 介

  此乃"江南大学文化书系"之第七本。作者通过常年观察，在不干扰校园野生鸟类生活的前提下，摄录百余种鸟类。本书选出其中9目，29科，55属，115种鸟类的图片，配以文字简介和鸟文化内容，以科学与文化相交融，汇编成校园野生鸟类集锦。这样翔实刊载校园野生鸟类的书籍并不多见。

  本书可作为大学生增长生态知识和提升文明素养的辅读教材，也可供生态环境建设者参考。

图书在版编目（CIP）数据

百鸟竞啼 / 王武，虞定华，李云侠主编 . —北京：科学出版社，2017.11
（江南大学文化书系）
ISBN 978-7-03-054785-9

Ⅰ.①百… Ⅱ.①王… ②虞… ③李… Ⅲ.①江南大学-鸟类-介绍 Ⅳ.①Q959.7

中国版本图书馆CIP数据核字（2017）第242343号

责任编辑：席　慧 / 责任校对：郑金红
责任印制：霍　兵 / 书籍设计：铭轩堂

科 学 出 版 社 出版
北京东黄城根北街16号
邮政编码：100717
http://www.sciencep.com

北京利丰雅高长城印刷有限公司印刷
科学出版社发行　各地新华书店经销

*

2017年11月第 一 版　开本：889×1194　1/16
2017年11月第一次印刷　印张：11 1/2
字数：294 000

定价：198.00元
（如有印装质量问题，我社负责调换）

序

在江南大学即将迎来独立建校六十周年的前夕，又一本"江南大学文化书系"分册，记载着生机盎然的校园精灵的出版物《百鸟竞啼》将与大家见面。这是校园建设者与本书编者多年的辛勤所获。

江南大学校园南靠中国第二大淡水湖——浩渺的太湖，北邻绮丽的蠡湖，西接长广溪国家湿地公园，东近贡湖湾湿地公园。校园环境与周边生态相得益彰。经过十三年的建设和养护，这里不仅瓮接苍穹，学科繁盛，人才兴旺，硕果累累，更是千木沃土，百鸟胜地。良好的水系和茂盛的植被吸引了百余种可爱的鸟类前来安营扎寨（留鸟）、季节性栖息（旅鸟），或度夏过冬（候鸟）。

几位专家教授出自对生态美好的追求，不遗余力保护校园野生鸟类，拍摄鸟类优雅灵动的身影，用生动的文字讲述鸟类文化的独特与精彩。编撰的过程中，他们曾与管理部门合作，悉心制作影像宣传片，让师生共赏这些金翅掠影的舞者，绚丽多彩的精灵，借此宣传美丽校园，推进生态文明。

"伐木丁丁，鸟鸣嘤嘤。出自幽谷，迁于乔木。嘤其鸣矣，求其友声。相彼鸟矣，犹求友声。"（《诗经·小雅·伐木》）。远古以来，鸟类就是地球上的尤物，人类的挚友。中华祖先描绘鸟类文化、呼吁保护鸟类的诗词歌赋已流传三千余年。我们没有理由不保护好这一弥足珍贵的生态资源和文化遗产。

校园生态建设成果也引起诸多高校的注意，兄弟单位纷至沓来，交流取经。分析校园何以迅速发展为"千木胜地"和"百鸟家园"，当得益于历届党政领导班子的开阔视野与长远眼光，归功于责任感极强、终日辛劳奉献的绿化建设者，更感谢师生对环境与生态一贯的重视和保护。

但愿这一鸟类集锦能为读者提供视觉盛宴，勾起大家对生态精灵的盈盈挚爱，共同营造促使种群繁衍的大绿空间，让江南大学成为国内不可多见的、充满鸟语花香、独具文化魅力的生态文明示范校园。

江南大学　副校长　田备

2017 年 4 月

As the 60th anniversary of Jiangnan University approaches, a new book named *Birds in Campus* has been added to the *Cultural Series of Jiangnan University*. This addition illustrates the vivid life of these lovely creatures on the campus. The planners and builders have produced many beautiful buildings and maintained a natural environment which is the new Jiangnan University, The campus is the home of Jiangnan faculty, staff and students, and its environment has also become the home of many very beautiful campus birds as well.

Our university is located in an ecological protection zone, near Tai Lake, Li Lake and Gonghu Wetland Eco-zone, it also boarded the National Changguangxi Wetland Park. With the newly constructed buildings, the campus has become a green wonderland and a bird's heaven. Thirteen years following the green construction, more than 100 species of bird inhabit year round or live seasonally on the new campus.

Followed the principles of eco-civilization, the authors keep watching and recording pictures of campus birds which illustrate the campus environment with unique and elegant words. The authors have already shared to our faculty, staff and students with some of these lovely creatures in videotape, calling on further eco-protection on this wonderful land.

Birds were major objects in Chinese traditional culture, which appeared 3000 years ago in many ancient poems. In the classic *Poetry Book-Xiao Ya*, there were many words describing how beautiful the birds and how wonderful they became friends to humans. We have no reason to ignore our responsibility to protect this dear heritage both ecologically and culturally.

Other universities have taken notices of our campus, especially on the energy saving system and the eco-civilization construction. Due to our university leaders' long term vision, green constructor's diligent works, and the campus people's eco-protection attitude, our campus is indeed "Land of a thousand plants & Garden of a hundred birds".

We hope this book will provide readers a visual feast, evoke their loving spirit and call for further development of this green environment. Our duty is to encourage more campus plantings, and appeal more birds to sing cheerfully in our beautiful campus. This will continue to provide a demonstrative eco-civilized campus with its unique cultural charm.

Vice President of Jiangnan University
Tian Bei
April, 2017

校园周边环境
Surrounding Environment

无锡市 /Wuxi

无锡，简称"锡"，古称梁溪、金匮。位于江苏省东南，北倚长江，南濒太湖，东接苏州，西连常州，京杭大运河穿城而过。历史文化悠长厚重，文字记载可溯至商末，约 3200 年前，周太王长子泰伯为让位于三弟季历，携二弟仲雍自中原南下，长途跋涉，风餐露宿，终落户无锡梅里，创建吴郡，传播中原文明。

此地历史文化名人层出不穷，近代史上为民族工业发祥地之一，农渔相对发达，山水秀丽绝美，生态有效保护。全境面积 4787.61 平方公里。山丘 782 平方公里，占 16.8%，水面 1502 平方公里，占 31.4%。四季分明，气候温和，日照充足，无霜期长，雨水充沛，年降水量大于蒸发量，局部小气候条件多元化，南北农业皆宜，自古乃闻名的鱼米之乡。

现今无锡社会发展与生态文明建设状况良好，已建有各类自然保护区几十处，野生动植物种类繁多，鸟类资源越来越丰富，据不完全统计，被摄影爱好者拍摄到的野生留鸟、旅鸟和候鸟已达 400 多种。

太湖 /Tai Lake

太湖为中国第二大淡水湖，位于长江三角洲南缘，有学者认为古太湖乃长江、钱塘江下游泥沙围淤古海湾所致。太湖又称"震泽"，此名源自对巨大古陨石坠撞成湖之猜测。太湖介于江、浙两省，北临无锡，南濒湖州，西依宜兴，东近苏州。湖西为丘陵山地，湖东为平原水网。

太湖面积约 2428 平方公里，湖岸线长 393.2 公里，现今水域面积 2338 平方公里，岛屿 50 余座。平均水深 2.1 米，最深 4.8 米，蓄水量达 50 多亿立方米，乃典型浅水型吞吐湖泊。河港纵横，主河流 50 余条，水系呈由西向东泄泻之势，年均湖径流量 75 亿立方米。

1991 年江淮特大洪灾之后，国家推进太湖综合治理，历经二十多年水利与治污工程并施，初步形成"蓄泄兼筹、以泄为主"的防洪和水资源调控体系，以及周边生态湿地保护体系。江南大学校园与太湖的最近距离仅 3 公里，太湖流域为校园绿色生态提供了不可多得的自然条件保障。

贡湖湾湿地（含尚贤河湿地）/Gonghu Wet Land

紧靠太湖的贡湖湾湿地是全国滨水花园城市生态保护样板区，占地面积 18.5 平方公里，东西跨度约 24 公里。尚贤河北起梁塘河，南接太湖，总长约 8 公里，与贡湖湾湿地呈"T"字形交接，原河道水系的整合与太湖北侧湿地的衔接，使得整片湿地保护区达到 20 余平方公里。

三纵三横生态绿化系统建设十年以来，新增植物百余种、万余株，这里已成为景色优美、水质清澈、百鸟齐聚，生物多元、生态健康、天人和谐的湿地公园，为城市湿地建设提供了新的范本。该湿地体系距离江南大学校园最近处仅 3 公里，为各种鸟类栖息及往返穿梭提供了不可多得的条件。

蠡湖 /Li Lake

位于无锡西南隅的蠡湖，古时因湖面状如葫芦瓢（古字"蠡"有葫芦之意）而得名。是太湖伸入无锡的内湖，又名五里湖。东西长 6 公里，南北平均宽 1.8 公里，湖面约 9.5 平方公里。

古往今来，蠡湖景色秀美，堪比杭州西湖。蠡湖生态圈拥有一定种类的游禽、涉禽和鸣禽。加之地方政府加大对蠡湖治理保护的力度，水质逐年好转，生态环境优越，景色悦目爽神，是国内外著名的观览胜地。校园西北角与蠡湖的最近距离约 1 公里之遥，通过长广溪水道互通水系。

长广溪国家湿地公园 /Changguangxi National Wetland Park

长广溪乃千年古水道，北起蠡湖西南隅的石塘湾，向太湖方向延伸，西靠军嶂山、雪浪山。修复初衷在于，恢复与重建周边湿生植被带，带动以长广溪为轴的水系整理，形成由蠡湖至太湖蜿蜒曲折的"溪阔水长"的水系结构；恢复城市水系入湖径流的净化作用，形成太湖和蠡湖之间的生态廊道，以及山丘－湿地－河流－湖泊相得益彰的生态格局。

这里生长着 300 余种植物，包括大量的水生生物；野生鸟类百余种，以广布种和古北界种为主，兼有东洋界种，具有南北过渡的明显特征。校园西边界紧邻长广溪国家湿地公园，共享着宝贵的鸟类资源。

军嶂山与雪浪山 /Junzhang & Xuelang Mountain

军嶂山、雪浪山山脉紧邻长广溪之西。主峰军嶂山，古名崣峥山，但"崣"、"峥"二字都带"山"字偏旁，属冷僻字，均未收入《新华字典》。据传元朝时期，蒙军趁月黑风高之夜，追杀南宋残军到此，部分将士幸免于难，就地卸甲为民，遂改山名为崣峥山。至今山上仍有古道遗址埋没于荒草灌丛之中，饱经沧桑，无言佐证。

雪浪山之得名，据说起因于从山顶可见长广溪水湍急奔流时激起层层白浪，山上有宋代建造的庵堂，取名"雪浪庵"。雪浪山人文历史悠久，走出了无锡史上首位宋朝状元蒋重珍。这里主峰海拔 146 米，建有无锡最早的茶园。乾隆六下江南，曾御定雪浪山本山茶为"贡茶"，老茶树至今依然繁茂。雪浪山、军嶂山树大林深，丰富的植被资源引来各种鸟类在此山中栖息繁衍，也为校园野生鸟类的繁荣提供有利条件。

宜兴 /Yixing

作为无锡市辖属县级市，宜兴位于太湖西岸。素有"陶古都,洞天地,茶绿园,竹海洋"之美称，是世上绝无仅有的紫砂壶原产地；岩溶洞八十余，茶园几千公顷，竹海纵横八百里。宜兴古称"荆邑"，春秋时期属吴。秦始皇二十六年（公元前 221 年）建县，改"荆邑"为"阳羡"。逐成中国历史文化名城。

宜兴地势南高北低。东部为太湖渎区，西部为低洼圩区。有"三山二水五分田"之称。拥有江苏苏南最高的三座山峰,地表水、地下水丰富。滆湖嵌宜兴和武进之间,水系环绕山脚分布,专用名"氿"（东氿、西氿、团氿）。全年温暖湿润，年平均气温 15.7℃。农耕与林业发达，植被茂密，为鸟之天堂。

校园自然条件
Data of Campus Natural Conditions

校园面积 (Campus area):   3250 亩 (216.67 hm^2)

绿化面积 (Green land):   1280 亩 (85.33 hm^2)

北纬 (Altitude North):   120°28'

东经 (Longitude East):   31°28'

平均海拔 (Average elevation):   4.9 m

年平均温度 (Annual average temperature):   16.8℃

绝对最低温度 (Absolute lowest temperature):   −7.0℃

绝对最高温度 (Absolute highest temperature):   38℃

一月份平均温度 (Average temperature in January):   2.8℃

七月份平均温度 (Average temperature in July):   29℃

年平均降水量 (Annual rain precipitation):   1348.8 mm

年均相对湿度 (Annual relative humidity):   79%

年均日照时数 (Annual average sunshine hours):   2019.4 h

全年无霜日期 (Annual average frostless days):   220 天

校园野生鸟类依存关系
Interdependence of Campus Birds

江南大学位于北纬 30 度左右的绝佳地带，坐落于无锡西南隅这片依山傍水、风景旖旎之地，周边地形地貌优势明显。南面毗邻 2400 余平方公里的太湖，北边靠近风光秀美的历史名湖——蠡湖，东侧不远处乃长达 24 公里的贡湖湾湿地公园，西边界紧挨着长广溪国家湿地公园和军嶂山、雪浪山山脉，再往西毗邻宜南丘陵与汌水区域。得天独厚的外围环境对校园生态起到不可多得的正态影响。据不完全统计，周边植物种类达数千种，留鸟、旅鸟、候鸟 400 余种。在国内知名大学中，自然与生态环境具有如此优势的大学校园并不多见。

2003 年新校区建设启动以来，学校极为重视校园生态的创新性营建，校园规划由国内最知名的建筑家之一——何镜堂院士亲自设计，利用周边原生态条件，确立了"曲水流觞"的生态景观建设主旨。学校认真实施规划，逐年增加绿化投入，在尽量保护原生态物种的前提下，积极引入新种，若将人工杂交培育的亚种计算在内，校园植物累计达到 2000 余种，涉及 500 个不同的属。校园里经年常绿，四季有花。由科学出版社出版的"江南大学文化书系"之《绿色情怀》、《江南大学植物目录》等分册，已展示出校园绿化的初步成果。

有树必有鸣鸟，为吸引更多的鸟类到校园栖息营巢，绿化建设者引种、培植利于鸟类栖息的植物品种。花朵鲜艳、花蜜芳香的桃花、樱花等吸引着美丽的山雀、绣眼鸟；部分灌木结出殷红的小浆果，引来莺类、鸫类争相摄食；葵花结籽的季节，新辟的"药草园"中可见金翅雀等忙碌的身影；甚至校园中特地保留出相对荒芜的地块，为喜欢啄食地下蠕虫与昆虫幼虫的珍稀鸟类（戴胜等）另辟乐园。

有水必有涉禽，校园水面近 400 亩，中心湖泊 200 亩左右，内有两座岛屿。为了吸引与保护鸟类，其中一座小岛始终保持隔离、荒芜的自然状态，成为多种鸟类筑巢、繁殖、栖息的小天堂，也成为候鸟和旅鸟等远方来客的安乐窝。中心湖泊和支流水系长有荷花、睡莲、菱角、芡实等水生植物，水体中的鱼儿、贝类和螺蛳已经进入良性繁衍的生态期，这些都成为各种涉禽丰盛的食肴。

鸟类频繁造访，甚至常年栖息，致使校园林木虫害大大缓解，继而农药喷洒量逐年减少，免遭污染的花木更受鸟类的欢迎。今日校园里百鸟竞啼，不仅为师生带来了悦耳的欢唱，清新的空气，更有益于身心健康。就这样，鸟、植物、人三者之间呈现出难能可贵的和谐共生关系。

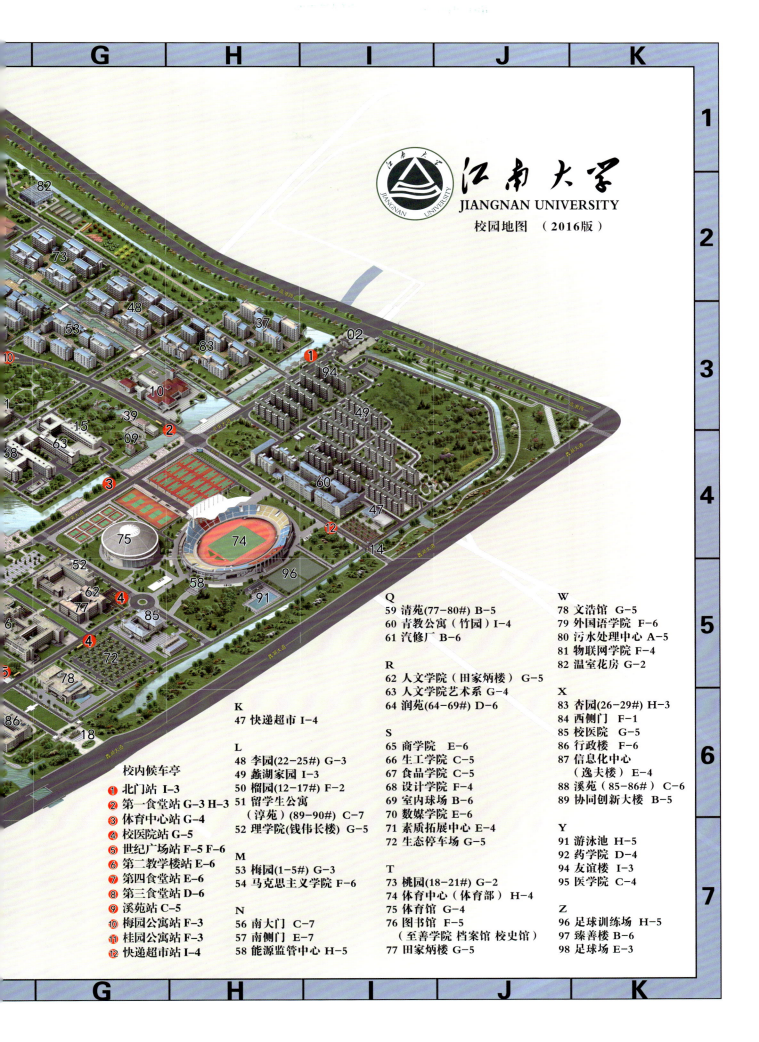

江南大学
JIANGNAN UNIVERSITY
校园地图　（2016版）

K
47 快递超市 I-4

L
48 李园(22-25#) G-3
49 蠡湖家园 I-3
50 榴园(12-17#) F-2
51 留学生公寓
　　（淳苑）(89-90#) C-7
52 理学院(钱伟长楼) G-5

M
53 梅园(1-5#) G-3
54 马克思主义学院 F-6

N
56 南大门 C-7
57 南侧门 E-7
58 能源监管中心 H-5

Q
59 清苑(77-80#) B-5
60 青教公寓（竹园）I-4
61 汽修厂 B-6

R
62 人文学院（田家炳楼）G-5
63 人文学院艺术系 G-4
64 润苑(64-69#) D-6

S
65 商学院 E-6
66 生工学院 C-5
67 食品学院 C-5
68 设计学院 F-4
69 室内球场 B-6
70 数媒学院 E-6
71 素质拓展中心 E-4
72 生态停车场 G-5

T
73 桃园(18-21#) G-2
74 体育中心（体育部）H-4
75 体育馆 G-4
76 图书馆 F-5
　　（至善学院 档案馆 校史馆）
77 田家炳楼 G-5

W
78 文浩馆 G-5
79 外国语学院 F-6
80 污水处理中心 A-5
81 物联网学院 F-4
82 温室花房 G-2

X
83 杏园(26-29#) H-3
84 西侧门 F-1
85 校医院 G-5
86 行政楼 F-6
87 信息化中心
　　（逸夫楼）E-4
88 溪苑（85-86#）C-6
89 协同创新大楼 B-5

Y
91 游泳池 H-5
92 药学院 D-4
94 友谊楼 I-3
95 医学院 C-4

Z
96 足球训练场 H-5
97 臻善楼 B-6
98 足球场 E-3

校内候车亭
❶ 北门站 I-3
❷ 第一食堂站 G-3 H-3
❸ 体育中心站 G-4
❹ 校医院站 G-5
❺ 世纪广场站 F-5 F-6
❻ 第二教学楼站 E-6
❼ 第四食堂站 E-6
❽ 第三食堂站 D-6
❾ 溪苑站 C-5
❿ 梅园公寓站 F-3
⓫ 桂园公寓站 F-3
⓬ 快递超市站 I-4

目 录
Contents

序　Preface

校园周边环境　Surrounding Environment
校园自然条件　Data of Campus Natural Conditions
校园野生鸟类依存关系　Interdependence of Campus Birds

校园野生鸟类集锦　Exhibit of Campus Wild Birds

校园野生鸟类集锦

Exhibit of Campus Wild Birds

自 2015 年起，通过常年的跟踪、观察，在不惊扰鸟儿的前提下，我们以长焦距拍摄校园野生鸟类，已发现120种，累积照片近万张。本书选取9目，29科，55属，115种校园野生鸟类照片近千张，配以文字简介和相关鸟文化点缀，形成集锦。本书主要从弘扬生态文明的角度，展示大学校园鸟类的丰富，生态的美好，并非标准的鸟类分类学描述。

鉴于不同的参考文献中鸟的分类排序方法也不完全统一，本书按目、科、属、种的拉丁名排序（但个别之处因排版需要略有调整），将校园野生鸟类以图文并茂的形式一一展示。图片重在体现形体特征、生活状态及生态背景，配以图题，以加深读者对鸟类的认识。文字介绍尽量简约、轻松诙谐、环境友好，分为三个板块：①属种名称：附有中、拉、英对照，并介绍鸟的常见别名；②特征介绍：涉及校园分布、主要体征、生活习性及相关文化；③咏鸟诗抄：仅摘录古诗中的相关句。

为了避免对校园野生鸟类自然生态造成后续的干扰，希望读者不要按图索骥，蜂拥观察。让我们以文明的方式观鸟、护鸟，让校园终年百花争艳，百鸟竞啼。

| 雁形目　ANSERIFORMES

鸭科　Anatidae

绿翅鸭

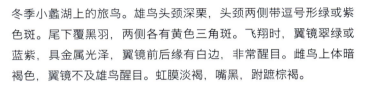

鸭属

拉丁名：*Anas crecca*

英文名：Common Teal（Green-winged Teal）

别　名：小凫、巴鸭、小蚬鸭

冬季小蠡湖上的旅鸟。雄鸟头颈深栗，头颈两侧带逗号形绿或紫色斑。尾下覆黑羽，两侧各有黄色三角斑。飞翔时，翼镜翠绿或蓝紫，具金属光泽，翼镜前后缘有白边，非常醒目。雌鸟上体暗褐色，翼镜不及雄鸟醒目。虹膜淡褐，嘴黑，跗蹠棕褐。

繁殖期喜栖开阔、水生植物茂盛、少有干扰的中小型湖泊和水塘中，非繁殖期在各类开阔的水面生活。冬季以植物性食物为主，其他季节亦食小型动物。

在中国分布广，种群丰富。除了非洲之外，也出现在各大洲合适的水域。

1		
2		
3		
	4	5
	6	7

1. 逗号头斑
2. 幽静浮水
3. 飞翔母鸭
4. 雄欢雌悦
5. 我要腾飞
6. 绿斑翼镜
7. 炫炫美翅

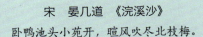

宋　晏几道　《浣溪沙》
卧鸭池头小苑开，暗风吹尽北枝梅。

斑嘴鸭

鸭属

拉丁名：*Anas poecilorhyncha*
英文名：Spot-billed Duck
别　名：谷鸭、黄嘴尖鸭、火燎鸭

丙申隆冬，小蠡湖迎来新客——斑嘴鸭。体形稍大，雌雄羽色相似，褐色斑纹，非常漂亮。脸至上颈侧、眼先、眉纹、颏、喉淡灰黄色。翼镜蓝紫色，两翼内侧雪白。上嘴黑，先端黄，脚橙黄。次年初夏，观新生代斑嘴鸭，甚是可爱。

食性与其他习性和绿头鸭相似。

繁殖于中国大部分水域地区，有的终年留居长江中下游，华东和华南一带，也分布于印度次大陆和南亚部分地区。斑嘴鸭也是中国家鸭祖先之一，原先野生种群极为丰富，目前种群仍在下降，属种和生境的保护和管理值得重视。

	1		6	
	2	7		8
3		9		
4	5	10		

1. 酷爱清洁

2. 黑嘴黄端

3. 一横一竖

4. 卿卿我我

5. 翼下雪白

6. 繁殖之季

7. 七宝相偎

8. 夏之惬意

9. 幼鸭戏荷

10. 溜达草坡

宋　李清照　《浣溪沙·闺情》
绣面芙蓉一笑开，斜飞宝鸭衬香腮。

绿头鸭

鸭属

拉丁名：*Anas platyrhynchos*

英文名：Mallard

别　名：大绿头、对鸭、青头

丁酉年初，小蠡湖迎来家鸭远祖——绿头鸭。雄鸟嘴黄，脚橙黄色，头和颈灰绿，下有白色颈环。上体褐，腰和尾覆羽黑色，两对中央尾羽向上卷曲成钩状。胸栗色。翅、胁、腹灰白，具带白边的紫蓝色翼镜，飞行时极醒目。雌鸭翼镜似雄鸭，但无绿颈，嘴黑褐，体羽斑纹褐色。

喜栖淡水湖，常见在水中觅食、戏水和求偶交配。性洁净，常梳理羽毛，歇息时互相照看。以植物为主食，也吃无脊椎动物和甲壳动物。

分布于五大洲温带水域。越冬于欧洲、亚洲南部、北非和中美洲一带。

中国早在战国时期就开始饲养和驯化绿头鸭，繁育出一系列家鸭品种。但原祖绿头鸭的数量有所下降，须加强保护。

	1
	2
	3
4	

1. 黄嘴卷尾
2. 颈侧辉绿
3. 相知相随
4. 绿波荡漾

唐　刘禹锡　《杂曲歌辞·浪淘沙》
汴水东流虎眼文，清淮晓色鸭头春。

赤膀鸭

鸭属

拉丁名：*Anas strepera*

英文名：Gadwall

别　名：青边仔、漈凫

冬季见于小蠡湖。雄鸟嘴黑褐，上体暗褐色，背羽具白色波状细纹，腹白，胸暗褐具新月形白斑，翅具宽阔棕栗横带，翼镜以黑白二色为主，飞翔时尤为明显。雌鸟嘴橙黄色。

喜栖内陆各种水域，尤喜富有水生植物的开阔水域。以水生植物为主食，觅食时常头朝下，呈倒栽状。常小群活动，也与其他野鸭混群。性胆小而机警，遇险即从水草中冲出。飞行极快，两翅扇动有力。

繁殖于北欧及中国新疆天山和东北北部，可横跨亚欧大陆迁徙；越冬于长江中下游和中国东南沿海，以及欧洲南部、北非和北美南部等地。

1. 棕羽褐眼
2. 鼓翅欢歌
3. 褐羽赤膀
4. 扁嘴花翅
5. 水暖先知

1	
2	
3	4
	5

唐　张籍　《寄友人》
忆在江南日，同游三月时。
采茶寻远涧，斗鸭向春池。

白眼潜鸭

潜鸭属

拉丁名：*Aythya nyroca*
英文名：Ferruginous Duck
别　名：白眼凫

小蠡湖的常客。体圆，头大，眼白而得名。雄鸟头、颈、胸及两胁浓栗色，雌鸟色暗烟褐。侧看头部羽冠发达。两翼有白斑。

喜栖沼泽及淡水湖泊。冬季也活动于河口及沿海泻湖。怯生谨慎，成对或成小群浮在水面上活动。很少鸣叫，善于拢翅潜水。杂食性，主要以水生植物和鱼虾贝壳类为食，早晚觅食，日间歇息。

分布于中国的东南沿海地区及欧亚大陆和非洲北部。

雁形目 ANSERIFORMES

鸭科 Anatidae

	1	6	
2	3	7	
4	5	8	
		9	

1. 褐头棕颈
2. 明眸幼鸭
3. 本领初成
4. 两两相依
5. 春暖鸭知
6. 好像有鱼
7. 协同逮鱼
8. 水上伴侣
9. 白眼青少

唐　温庭筠　《早春浐水送友人》
青门烟野外，渡浐送行人。
鸭卧溪沙暖，鸠鸣社树春。

09

II 鸻形目　CHARADRIIFORMES

鸻科　Charadriidae

金眶鸻（héng）

鸻属

拉丁名：*Charadrius dubius*
英文名：Little Ringed Plover
别　名：黑领鸻

偶见于校区西侧、湿地、草坡。小型涉禽，夏羽：前额和眉纹白色，额基和头顶前部绒黑色，头顶后部至枕部灰褐，眼先、眼周和眼后耳区黑色，并与额基和头顶前部黑色相连。眼睑四周金黄色。后颈呈白色环带，向下与颏、喉部白色相连，其余上体灰褐色或沙褐色。嘴黑，脚和趾黄色。

栖息于各种开阔的浅水环境。单个或成对活动，行走速度甚快，边走边觅食，以昆虫、蠕虫为主食，兼食植物种子等。为候鸟，在非洲过冬，其他时候可出现于五大洲。

	1
	2
3	4
5	

1. 黑带围脖
2. 湿地我家
3. 觅食沼泽
4. 栗背白胸
5. 金眶斑颈

唐　李贺　《夜宿通天桥》
黑石蔽遥濑，并刀剪秋钢，
水怪不敢窥，深潭闭金眶。

灰头麦鸡

麦鸡属

拉丁名：*Vanellus cinereus*

英文名：Grey-headed Lapwing

校园西侧界河边偶见。全身灰色，胸部、尾部有黑色条斑，腹白，腿长、色黄。虹膜红色，嘴黄端黑，雌雄相似。

栖息于水边或草地。主食小型动物、杂草种子及植物嫩叶。性警惕，常伸颈观察，发现有危险，立即起飞。常在空中上下翻飞，但速度慢，高度低。有时和鹬类混群。

繁殖于东北、江苏、福建一带，越冬于广东和云南等地。也分布于欧亚大陆及非洲北部，中南半岛，太平洋诸岛屿。

1	2
3	
4	

1. 灰身黄足
2. 与鹭共处
3. 各顾一方
4. 越走越近

水雉科 Jacanidae

水雉

水雉属

拉丁名：*Hydrophasianus chirurgus*
英文名：Pheasant-tailed Jacana
别　名：水凤凰、凌波仙子

夏季时见于小蠡湖。羽色明快，夏羽特点：头、颏、喉、前颈白色，后颈金黄，枕黑，沿颈侧而下与胸部黑色相连，将前颈白色和后颈金黄色截然分开。中央尾羽形状特别，超长，且向下弯曲。虹膜褐，嘴蓝灰，嘴尖缀绿。

栖息于热带、亚热带开放性湿地、淡水湖沼。食水生植物和昆虫，钟爱芡实。脚爪细长，常在莲、荷、菱等浮叶植物上轻步行走，体态优雅，惹人喜爱。

主要分布于中国南方、南亚次大陆及东南亚。现因缺少宁静的栖息生境，已相当罕见。

	1		6
2	3	7	8
4	5	9	

1. 雌雄可辨
2. 凌波仙子
3. 亲子教育
4. 大声报警
5. 信步菱叶
6. 三口之家
7. 比翼双飞
8. 夫翔妇从
9. 酷爱清洁

唐 韩愈 《雉带箭》
原头火烧静兀兀，野雉畏鹰出复没。

鹬科 Scolopacidae

大滨鹬 (yù)

滨鹬属

拉丁名：*Calidris tenuirostris*
英文名：Great Knot

在校园西侧湿地偶见，体形略大，体羽偏灰，嘴端微下弯；上体色深具褐白斑纹；头顶具纵纹。腰和尾覆羽白色，胸多黑褐条纹或斑点；下体白色，翼具赤褐色横斑。虹膜褐，嘴黑，脚绿灰。亚成鸟：上体近色，有淡色羽缘，如同鳞片状；下体白，胸部染淡褐色，掺黑褐斑点。

以水生动物与昆虫为主食。常结大群活动。迁徙季节集群分布于各种滩涂、湿地、水田。

在中国分布于东部地区的近海和江湖湿地。在不同地区分别为留鸟、旅鸟和候鸟。在亚洲，与中国经度相近的地区亦有分布，偶见于大洋洲岛国。

	1
	2
3	4
5	

1. 湿地我家
2. 忙于觅食
3. 大鹭小鹬
4. 互不相干
5. 正对镜头

宋　王炎　《用元韵答秀叔》
冷看世态有翻覆，蚌则欲雨鹬欲晴。

扇尾沙锥

沙锥属

拉丁名：*Gallinago gallinago*
英文名：Common Snipe

偶见于校园小蠡湖小岛边浅水区、沙土滩上，中等体形、色彩丰富、斑纹明快、形态可爱。嘴粗长如锥，借宋诗而得名。脸部底色皮黄，贯眼纹深；上体深褐，具白、栗、黑色细纹及蠹斑；下体具黑白斑纹。虹膜褐，嘴褐，脚橄榄绿。

喜栖沼泽及稻田，以水生小动物为主食。常隐于高大芦苇丛中，惊慌时跳出，呈"锯齿形"飞行，发出警叫声。空中炫耀时，向上攀升并俯冲，外侧尾羽伸出，颤动有声。

繁殖于古北界；见于中国北纬32°以南的大多数地区。越冬可南迁至非洲、印度、东南亚及菲律宾。

1	
2	
3	4
	5

1. 美翅如蝶
2. 嘴长似锥
3. 背靠着背
4. 夫妻对话
5. 锥鹭毗邻

宋　张耒　《鲁直惠 洮河绿石研冰壶次韵》
新篇来如彻札箭，劲笔更似划沙锥。
知君自足报苍璧，愧我空赋琼瑰诗。

鹤鹬

鹬属

拉丁名：*Tringa erythropus*
英文名：Spotted Redshank

秋季见于小蠡湖边浅水区。上体黑白斑驳，头、颈和下体纯黑色，仅两胁具白色鳞状斑。嘴细长、直而尖，嘴基红色，余为黑色。脚细长暗红。冬季背灰褐色，腹白色，胸侧和两胁具灰褐色横斑。

栖息地、食性和其他习性节类似于鹬属其他种类。

在中国仅繁殖于新疆，季节性往东三省、河西走廊、长江流域、西南地区迁徙，甚至繁殖于欧洲北部冻原带，越冬于地中海、非洲、中亚等地。

		1
2	3	
	4	
5		

1. 巡视草滩
2. 难逃我口
3. 嘴直腿长
4. 鹤鹬之舞
5. 嘴脚互色

宋　王珪　《五律·诗一首》
风生九秋意，人动五湖心。
溪曲半帆出，天遥孤鹬沉。

青脚鹬

鹬属

拉丁名：*Tringa nebularia*

英文名：Common Greenshank

见于校园西侧水域浅滩。体形偏长，上体有黑色轴斑和白色羽缘；下体白色，前颈和胸部有黑色纵斑。嘴微上翘，腿长、青黄绿，虹膜黑褐。

栖息于各种浅滩、泥泞地，主要以水生小动物、昆虫及幼虫为食。常单独或成对在浅水处、有时也到齐腹深水中觅食。步履矫健、轻盈，常急速奔跑，冲向鱼群，巧妙追捕，甚至成群围捕。飞行时脚伸出尾端甚长。

在中国为常见冬候鸟，迁徙时见于全国大部分地区，也分布于亚洲、欧洲、非洲、大洋洲各国。

1	
2	
	3
	4

1. 泽地之客
2. 歪头探究
3. 足似草梗
4. 身形瘦长

宋　李曾伯　《送胡季辙制参赴堂召》
君见淮头尚可为，勿言蚌鹬正相持。

白腰草鹬

鹬属

拉丁名：*Tringa ochropus*

英文名：Green Sandpiper

见于校园西侧水乡湿地园。小型涉禽，黑白两色。夏季上体黑褐带白斑。腰白、胸具黑褐色纵纹，尾白，具黑色横斑。眉纹与眼周白。脚橄榄绿或灰绿。

多活动在浅水处，以小型无脊椎动物为食，偶食小鱼和稻谷。远离干扰者，常隐于草丛或乱石。发现干扰者，即冲起腾飞，发出'啾哩-啾哩'的鸣叫声。

分布于亚洲、非洲、欧洲许多国家及美洲少数国家。繁殖于中国北方，越冬于长江流域以南的广大地区，在中国东北为夏候鸟，其他地区为旅鸟和冬候鸟。

	1
2	3
4	

1. 曲颈挠痒
2. 湖边溜达
3. 腹尾洁白
4. 静静等待

战国 苏代 《战国策·燕策二》

鹬蚌相争，渔翁得利

泽鹬

鹬属

拉丁名：*Tringa stagnatilis*

英文名：Marsh Sandpiper

见于校园西侧水乡湿地园。羽色偏浅。上体灰褐，腰及下背白，尾羽上有黑褐横斑。额及下体白。虹膜暗褐色；嘴长，相当纤细，直而尖，色黑，嘴基绿灰；脚细长，暗灰绿或黄绿。

主要栖息于浅滩、沼泽。常单独觅食，边走边将长嘴插入湿地泥沙中探觅啄食，以水生动物为食。有时在富有浮游动物的水中前后不停地摆动长嘴，搜觅食物。性胆小而机警。

该物种的原始产地在德国。在中国为旅鸟，部分为夏候鸟和冬候鸟。也越冬于非洲、地中海、中南亚和澳大利亚等地。

1	
2	
3	4
	5
	6

1. 无暇白腹
2. 背色似泥
3. 偶见美尾
4. 侧头凝视
5. 黑眼白眶
6. 步入深水

宋　宋祁　《古意》
持鹬蚌谋壮，贪蝉鹊意深。
渔人一拱手，弹者笑依林。

Ⅲ 鹳形目　CICONIIFORMES

鹭科　Ardeidae

池鹭

池鹭属

拉丁名：*Ardeola bacchus*

英文名：Chinese Pond-Heron

别　名：红毛鹭、沼鹭

夏季在小蠡湖与西侧草地常见池鹭。体长近半米，胸、喉、翼羽色白，头颈长，色栗红，背羽具褐色纵纹。虹膜褐，嘴黄（冬季），腿脚绿灰。

喜与荷为伴，以鱼、蛙、昆虫为主食，扑翅起翔，趟水掠水，欢乐猎食。栖息湖心小岛的树丛或竹间。喜三五成群活动，通常无声，争吵时叫声低沉。性不甚畏人。

主要分布于中国水乡及南亚地区。基于某些地带的环境恶化，种群有所减少。

	1	6	
	2		
3	4	7	8
	5	9	

1. 湖上倒影
2. 棕颈白翅
3. 荷下乘凉
4. 客临莲叶
5. 欢快沐浴
6. 晨曦粉莲
7. 正在降落
8. 白翅红荷
9. 喜获美食

唐　钱起　《见上林春雁翔青云，寄杨起居、李员外》
夜陪池鹭宿，朝出苑花飞。
宁忆寒乡侣，鸾凰一见稀。

牛背鹭

牛背鹭属

拉丁名：*Bubulcus ibis*
英文名：Cattle Egret
别　名：黄头鹭、畜鹭、放牛郎

偶见于小蠡湖小岛及湖边、校园西边界湿地。体稍肥胖，喙颈短粗。夏羽基色白；头、颈具长形橙黄饰羽，冬羽通体白色，个别头顶缀黄，无发丝状饰羽。虹膜金黄，跗蹠和趾黑色。

栖息于草地、牧场、湖池、水田、旱田和沼泽地上。是唯一不食鱼，而以昆虫为主食的鹭类，亦捕食其他小动物。部分为留鸟，部分迁徙。飞行时头缩至背上，呈驼背状。

牛背鹭和水牛共生互利，鹭常栖牛背，故得名。牛耕翻田暴露出昆虫、蛙类等，为鹭提供食物；鹭捕食牛的伴生寄生虫，为牛除患。

		1		6
		3		7
2		4		
		5	8	

1. 勤抖蓑羽
2. 白羽黄蓑
3. 并肩同步
4. 佳侣谐行
5. 鹭与八哥
6. 泥泽之欢
7. 成群结队
8. 等待机会

唐　卢照邻　《初夏日幽庄》
钓渚青凫没，村田白鹭翔。

大白鹭

白鹭属
拉丁名：*Egretta alba*
英文名：Great Egret

常栖息于小蠡湖小岛、杉树丛及西侧湿地。体形较大，体羽全白、疏松，雌雄同色。嘴长而直，翅大而长。繁殖期，嘴和眼先黑色，非繁殖期为黄色。虹膜黄色，胫裸出部分肉红色，跗跖和趾黑色。繁殖期背披蓑羽，冬季则无蓑羽。为迁徙种类。

喜栖海滨、湖泊、河流、沼泽、稻田等，行动机警，见人即飞。白昼或黄昏活动，以水生动物为主食。常矗立水边或浅水中，用嘴飞快地摄食。

分布于中国南部、亚洲东部、欧洲东南部、非洲北部少数地区。曾几近灭绝，被列入《濒危野生动植物种国际贸易公约》名单，亦列入《中华人民共和国政府和日本国政府保护候鸟及其栖息环境协定》。现种群数量有所回升。

	1
	2
3	4
5	

1. 飞向营地
2. 准备降落
3. 到访雪松
4. 爽然抖翅
5. 准备营巢

唐　张志和　《渔歌子》
西塞山前白鹭飞，桃花流水鳜鱼肥。

黄嘴白鹭

白鹭属

拉丁名：*Egretta eulophotes*
英文名：Chinese Egret
别　名：白老、塘白鹭

春夏季节常出现于小蠡湖及小岛与湿地上，中等体形、轻盈修长，姿态优雅。体白，枕生矛状长羽，迎风飘扬。背、肩、颈散布"蓑羽"，胸、腰和腿基部生有特殊羽毛，不停生长，先端破碎为粉粒，似滑石粉，用以清除黏附羽毛的污物。夏季嘴橙黄，眼先蓝，脚黑。

栖息于海岸树丛及内陆树林、河岸、稻田。习性似白鹭，不停地在浅水中追逐猎物，以鱼、虾和蛙等为食，结群营巢、修建旧巢，与其他鹭种混群的习惯相似。

繁殖于我国辽东、山东、江苏沿海。可迁徙至西沙群岛。种群稀少现象尚未完全恢复。曾被列为国家二级保护动物。

1	
2	
3	4
	5

1. 两只幼鹭
2. 和谐近邻
3. 刚刚上岸
4. 逮着泥鳅
5. 各忙各的

唐　李隆基　《千秋节宴》
衣冠白鹭下，帘幕翠云长。

小白鹭

白鹭属

拉丁名：*Egretta garzetta*
英文名：Little Egret
别　名：白鹭鸶、鸶禽、雪客

常在小蠡湖和湿地见到小白鹭三五成群。体形纤瘦，全身白色；繁殖时枕生两条辫羽，悬垂后颈；背、胸均披蓑羽，松散浅黄，长至尾端。虹膜黄；眼先皮肤夏季粉红，冬季黄绿。嘴黑，下嘴基黄绿；胫与跗跖部黑色，趾黄绿，爪黑。

栖息树冠上部。觅食于沼泽、稻田、湖泊或滩涂地。寻食时不结群，在河滩、湖边单独窥视食物。以水生动物为主食，亦吃少量植物性食物。呆立时，一脚收于腹下，头缩成"S"状。漫步走动时，不时伸长颈部，昂头环顾。觉察险情，立即飞走。夜晚飞回栖处，有时呈"V"形排列。繁殖期营群巢，与其他鹭种混群。

在世界及国内地区分布广泛，或为留鸟，或为候鸟。属于《濒危野生动植物种国际贸易公约》名单附录Ⅲ物种。

		1
		2
		3
	4	
5	6	

1. 镜面鱼猎
2. 漂亮小辫
3. 鹭斗新河
4. 荷上之舞
5. 搔头绕耳
6. 乘风起翔

唐　杜甫　《绝句》
两个黄鹂鸣翠柳，一行白鹭上青天。

中白鹭

白鹭属

拉丁名：*Egretta intermedia*
英文名：Plumed Egret
别　名：白鹭鸶、春锄

春夏小蠡湖中可见，体长介于大、小白鹭之间，全身白色，眼先黄色，脚和趾黑色。夏羽颈背下部披丝状蓑羽，冬羽无饰羽，翅大而长。虹膜与嘴基黄，嘴尖黑，繁殖期可能全黑；脚和趾黑、细长。

栖息浅水中，以水生小动物和陆生昆虫为食，悄然涉水觅食，警惕性强，捕食快速而准。饱餐后缩颈，单脚伫立。飞行时缩颈成"S"形，两脚直伸向后，超出于尾外。营巢与其他鹭类混群。

分布于我国东南部等地及亚洲东部，直至大洋洲、非洲等许多国家。为旅鸟或留鸟。

1. 混群相安
2. 准备腾飞
3. 肥腴到嘴
4. 快乐时光
5. 学会相处

唐　李白　《泾溪东亭寄郑少府谔》
我游东亭不见君，沙上行将白鹭群。
白鹭行时散飞去，又如雪点青山云。

小苇鸻（jiān）

苇鸻属

拉丁名：*Ixobrychus minutus*

英文名：Little Bittern

丁酉立秋节气中，失而复见的小苇鸻在小蠡湖及湖畔草丛中出现。体形较粗，背羽赤褐，两胁和下胸皮黄，具有粗著的暗赤褐条纹，翼侧藏黑羽。眼先黄，瞳孔黑；嘴黄、细长；脚黄绿。成年雄鸟顶冠黑，雌鸟头侧和颈部红褐。

主食水生鱼类、甲壳和软体动物和陆生昆虫。通常在黄昏和晚上活动，白天隐于湿地芦苇丛或茂密草丛中，稍有声响，或感觉有人到来，常伸长头颈，静立，或掠水飞行。

原先主要分布于中国西部的小苇鸻，如今也出现于江苏、上海崇明一带富有芦苇、草丛等生态湿地。为二级国家重点保护野生动物 。亦出现于亚非欧若干国家。

		1
		2
	3	4
		7
5	6	

1. 苇鸻珍鸟
2. 湖上展翅
3. 觊觎何物
4. 惬意抖毛
5. 顶冠偏黑
6. 拉长脖颈
7. 起早出征

黄苇鳽

苇鳽属

拉丁名：*Ixobrychus sinensis*

英文名：Yellow Bittern

别　名：黄斑苇鳽、水骆驼、黄小鹭

校园小蠡湖畔的芦苇丛中又来了稀客黄苇鳽。雌雄体态相似，雄鸟顶冠略带黑色，雌鸟则偏赤褐色。上体黄褐色，下体底色皮黄，布满粗纵纹。脖颈后覆羽偏绒毛状，部分黑色飞羽和尾翼藏于皮黄色的覆羽之下，展开时形成强烈对比。虹膜黄，嘴粗长、红黄，脚黄绿。

一般栖息于低海拔开阔水域中。尤其喜栖既有大片芦苇又有蒲草的开阔水面周边。主食小鱼、虾、蛙和水生昆虫等。多在清晨和傍晚从隐秘处出来活动，一般情况下不发出声响，性甚机警，稍遇干扰，即伫立不动，向上伸长头颈观望，并能及时隐匿。

黄苇鳽分布于我国东部生态环境较好的水域，也发现于欧亚大陆及非洲北部。

1	
2	
3	4
	5

1. 黄绿长腿
2. 虫子诱惑
3. 疑似幼鸟
4. 聚精会神
5. 芦苇我亲

29

夜鹭

夜鹭属

拉丁名：*Nycticorax nycticorax*
英文名：Night Heron
别　名：星鸦、夜鹤、苍鹏星鸦等

盛夏傍晚，小蠡湖上常见到几十只夜鹭翻飞觅食。体粗胖，颈短，嘴黑、长而尖细。头至背黑绿且具金属光泽，下体白，对比鲜明。枕披长带状白色饰羽，下垂至背，极为醒目。虹膜血红，胫趾粉红。幼鸟上体暗褐，缀淡棕羽干纹和白色星状斑，与成鸟形态完全不同。

栖息于平原和低山地区溪流、湖塘、江河、沼泽和水田，以水生动物为食。黄昏后三三两两，涉浅水或蹲荷叶、树桩等，专心注目水中。夜行性，视力佳，喜结群，静猎渔。常与其他鹭类混营。

在长江以南和西南地区较为常见，也出现于国外部分地域。

		5	6
	1	7	8
2	3	9	
	4	10	

1. 余晖乐捕
2. 荷池鹭影
3. 鹭鸡相携
4. 夜鹭韶华
5. 早起出工
6. 黄昏精灵
7. 捕食之乐
8. 夜鹭展翅
9. 空中芭蕾
10. 准备捕猎

唐 郑谷 《鹭》
闲立春塘烟淡淡，静眠寒苇雨飕飕。
渔翁归后汀沙晚，飞下滩头更自由。

鹈鹕科　Podicipedidae

赤颈鹈鹕（pì tī）

鹈鹕属
拉丁名：*Podiceps grisegena*
英文名：Red-necked Grebe

夏季小蠡湖上偶见赤颈鹈鹕。比小鹈鹕大些，眼周有条纹，前颈、颈侧和上胸略带褐红，背部灰褐，翼内侧及下体白色。体羽随季节有变化。较其他鹈鹕，嘴形偏粗而圆，黄色。

繁殖期间栖息于内陆淡水湖泊、沼泽和水塘。喜水下捕食，机警谨慎，多远离岸边活动。

沿我国东部季节性迁徙。也分布于全北界、斯堪的那维亚至西伯利亚；可越冬于伊朗及北非。种群数量有所下降，但近期在中国数量增多。为国家二级保护野生动物。

	1
	2
3	4
5	

1. 菱上露头
2. 水波美纹
3. 清波珍禽
4. 为何兴奋
5. 梳理羽毛

小䴙䴘

小䴙䴘属

拉丁名：*Tachybaptus ruficollis*

英文名：Little Grebe

别　名：水葫芦

小蠡湖中的留鸟，常见三两只游弋湖面。体小、尾短、色暗，善浮沉，宛如葫芦。上体羽色黑褐有光泽；眼先、颊、颏和上喉黑褐，眼眶白，典型特征：嘴基旁有明显白斑。下喉、耳区、颈部棕栗；上胸黑褐；下胸和腹部银白；虹膜黄，嘴黑，脚蓝灰。

以鱼、虾、昆虫等为主食。性怯懦，常匿居草丛，或成群游荡水上。遇惊扰，即潜入水中藏匿。

在我国中南、东南沿海，南北湖泊地区为留鸟。分布于欧亚大陆、非洲、北美等。随着部分自然湿地遭受破坏，小䴙䴘适栖生境日趋减少，值得大力保护。

1	
2	
3	4
	5

1. 嘴基白斑
2. 荷叶为床
3. 棕脖褐羽
4. 各占一叶
5. 又是一代

汉　蔡邕 《短人赋》
雄荆鸡兮鹜鹭鹅，鹘鸠鶬兮鹑鷃雌。

IV 鸽形目 COLUMBIFORMES

鸠鸽科 Columbidae

原鸽

鸽属

拉丁名：*Columba livia*
英文名：Rock Pigeon
别　名：野鸽、脖鸽、岩鸽

在校园西侧偏僻处见到的这只原鸽，左脚带环圈，可能是跟踪研究对象。形态特征：通体石板灰，颈、胸羽色具金属光泽，随观察角度可呈现绿、蓝、紫色彩变化，翼、尾各具浓重黑纹，尾上覆羽白色。雄鸽肩宽体大，脖颈粗短。虹膜褐，脚深红。

原鸽本是崖栖鸟，以植物为主食。经驯化后，很快适应城市环境，结群活动和盘旋飞行是其行为特征。半野生种或驯化的鸽群遍及全中国、全世界。

	1
	2
3	
4	

1. 脚带环圈
2. 绿颈灰身
3. 路边鸽影
4. 草籽丰美

唐　元稹 《和友封题开善寺十韵》
珠缀飞闲鸽，红泥落碎椒。

珠颈斑鸠

斑鸠属

拉丁名：*Streptopelia chinensis*
英文名：Spotted-necked Dove
别　名：花脖斑鸠、珍珠鸠、斑鸽（闽南语）

在药草园、桃李园、草坡等多处常年可见珠颈斑鸠。头灰，上体褐，下体粉红，特征为后颈有宽阔黑色领斑，其上满布白点，在淡粉红颈部极为醒目。外侧尾羽黑褐，末端白，飞翔时极明显。嘴暗褐，脚红。

食性与习性类似于其他斑鸠。

遍布于我国中部和南部，西抵四川西部和云南，北至河北南部和山东，南达台湾、香港和海南岛。也布于南亚、印度次大陆，已被引种到澳大利亚和美国。

1	
2	
3	4
	5

1. 明眸靓爪
2. 走向湖畔
3. 美袍加身
4. 霓裳泥坪
5. 颈斑黑白

唐　岑参
《冀州客舍酒酣贻王绮寄题南楼》
客舍梨花繁，深花隐鸣鸠。

山斑鸠

斑鸠属

拉丁名：*Streptopelia orientalis*
英文名：Oriental Turtle-dove
别　名：金背斑鸠、麒麟斑、花翼

在桃李园及多处庭院树丛中时见。雌雄相似。头、额前部蓝灰，头顶后颈栗棕灰，颈基两侧黑灰颈斑。上背褐色，羽缘勾以醒目红褐为典型特征；下背、腰和尾羽端蓝灰。虹膜金黄或橙，嘴铅蓝，脚洋红。

活动范围广，取食于地面。好食谷类、草籽，也食昆虫。常盘旋鸣叫，小步疾走，边走边觅食，前后摆头。扑翅频繁，声响动静大。

在亚欧不少国家可见，在中国分布分布较广，冬季南下越冬。

1. 金边勾羽
2. 聚精会神
3. 草上美少
4. 灰腹红爪

唐　韦应物　《东郊》
微雨霭芳原，春鸠鸣何处。

欧斑鸠

斑鸠属

拉丁名：*Streptopelia turtur*

英文名：Turtle Dove

偶见于环境土木学院西侧。与火斑鸠的区别在于体形较小，胸腹红羽的色彩略浅。颈侧小片黑白斑块，翼覆褐色鳞状斑。翼覆羽无白色羽端，胸腹覆羽较为蓬松。虹膜橙红，嘴灰黑，脚紫红，爪角褐色。

为夏候鸟，主要以植物果实和种子为食。常单独或成对活动，很少成群。白天栖息于林中，早晚到地面觅食。

欧斑鸠分布在亚非欧许多国家及北美洲少数地区。

1	
2	3

1. 凭栏静思
2. 红腹之鸠
3. 踏步前行

宋　陆游　《芒种后经旬无日不雨偶得长句》
绿树晚凉鸠语闹，画梁昼寂燕归迟。

V 佛法僧目 CORACIIFORMES

翠鸟科 Alcedinidae

普通翠鸟

翠鸟属

拉丁名：*Alcedo atthis*

英文名：Common Kingfisher

别　名：鱼虎、钓鱼翁、蓝翡翠、蓝鱼狗等

多次出现于校园湖心小岛、湖西水边、枯树、荒地石头上。羽色艳丽，蓝中带绿，金属辉光。头布细斑，胸腹棕红。嘴粗直；腿红，且短。虹膜暗褐。幼鸟羽色苍淡。

性孤独，单只或成对活动。以鱼为主食，兼食水生小动物及少量水生植物。潜水时双目善调视角反差，水中捕鱼迅速精准。逮到大鱼后，喜栖枯枝或石头上，这种有悖"拟态"、容易暴露的行为，系有意利用干枝或岩石将鱼摔烂吞食。

翠鸟为珍贵鸟类，分布于中国许多地区，及北非、欧亚大陆、南太平洋部分岛国，博茨瓦纳等国视为国鸟。

	1	6	7
	2	8	10
3	4	9	
	5	11	

1. 蓝背红腹
2. 我要飞翔
3. 牢牢叼住
4. 水边待鱼
5. 鱼足饭饱
6. 捕鱼高手
7. 夫妻对话
8. 又逮一条
9. 鱼大难咽
10. 摔打进食
11. 苇丛稍歇

汉　蔡邕　《翠鸟》
翠鸟时来集，振翼修形容。
回顾生碧色，动摇扬缥青。

39

戴胜科 Upupidae

戴胜

戴胜属

拉丁名：*Upupa epops*

英文名：Eurosian Hoopoe

别　名：花蒲扇、山和尚、胡哱哱

在校园西侧荒芜湿地、药草园、楼宇旁多次见到戴胜。外形独特，羽毛基色棕栗，黑白条斑明显；羽冠奇特，收张自如。虹膜红褐，嘴脚铅黑。

栖息于山林、草地、村屯等开阔地带，营巢于树洞。食虫高手，常以尖细长嘴插入土中，觅食幼虫与蠕虫。获得战利品便张冠自庆。性情活泼，机警耿直，争强好胜。繁殖期雄鸟羽冠高耸，起舞翩翩，激烈格斗。

戴胜文化寓意为阳春、欢快、如意，为古今中外之珍鸟。1982年发行的中国邮票《珍禽》之首枚乃戴胜形象。2000年中国推出套彩银币《戴胜鸟》，寓意"千年伊始，戴胜如意"。戴胜被以色列、卢森堡定为国鸟。

	1	6	
	2	7	8
	3		
4	5	9	

1. 二雄争霸
2. 满嘴是泥
3. 衔只肥虫
4. 枝间情侣
5. 弗洛明戈
6. 尖嘴叼虫
7. 张冠抖翅
8. 精准捕蜂
9. 楼上探秘

唐　贾岛　《题戴胜》
星点花冠道士衣，紫阳宫女化身飞。
能传上界春消息，若到蓬山莫放归。

VI 鹃形目　CUCULIFORMES

鸦鹃科　Centropodidae

小鸦鹃

鸦鹃属

拉丁名：*Centropus bengalensis*
英文名：Lesser Coucal
别　名：小毛鸡、小乌鸦雉

在校园西侧灌木丛中偶见亚成鸟。通体赤棕，羽毛松，杂有暗色细纹，尾部长。翼下覆羽为红褐色或栗色。嘴大，但不带钩。虹膜深红。脚铅黑。

小鸦鹃为留鸟，常栖息于茂密矮树丛，喜单独或成对活动，性机智而隐蔽，稍有惊动，立即奔入茂密的灌丛或草丛中。主要以昆虫和小型动物为食，也吃少量植物果实与种子。

小鸦鹃在中国并不多见，亦分布于南亚、东亚和东南亚少数地区。曾被列为国家二级保护动物。

1. 抖肩舒身
2. 探出头来
3. 起身扑翅
4. 冲出山林

	1
3	2
	4

宋　张炎 《阮郎归·有怀北游》
花贴贴，柳悬悬。莺房几醉眠。
醉中不信有啼鹃。江南二十年。

VII 鹤形目 GRUIFORMES

秧鸡科 Rallidae

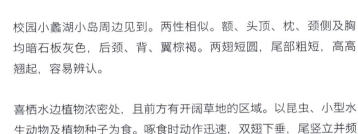

黑尾苦恶鸟

苦恶鸟属

拉丁名：*Amaurornis bicolor*

英文名：Black-tailed Crake

别　名：黑尾田鸡

校园小蠡湖小岛周边见到。两性相似。额、头顶、枕、颈侧及胸均暗石板灰色，后颈、背、翼棕褐。两翅短圆，尾部粗短，高高翘起，容易辨认。

喜栖水边植物浓密处，且前方有开阔草地的区域。以昆虫、小型水生动物及植物种子为食。啄食时动作迅速，双翅下垂，尾竖立并频繁摆动。不善长途飞行。善奔走，可在芦苇或水草丛中潜行。

分布于欧亚大陆及非洲北部，印度次大陆及中南半岛，中国的西南地区和东南沿海地区。

1	
2	
3	
	4

1. 肚肥腰壮
2. 早起觅食
3. 专心致志
4. 枯苇我家

红脚苦恶鸟

苦恶鸟属

拉丁名：*Amaurornis akool*
英文名：Brown Bush-hen

在小蠡湖小岛旁湿地中可见。大小似秧鸡，体形圆敦，尾翘。嘴短，嘴基稍隆起，但不形成额甲。跗蹠细长，其长度短于中趾连爪。腿红，故得名。上体褐，脸及胸青灰，腹部及尾下褐，虹膜褐色，眼睑橘红。

栖息于各种近水环境。性机警、隐蔽，白天活动于植物茂密处或水边草丛中。善步行、奔跑及涉水，飞行无力，腿下悬。杂食性，主要吃昆虫及小动物，也吃草籽和水生植物根、茎。另有取食砂砾的习惯。

分布于中国偏南地域的近水环境，也出现于印度次大陆及中南半岛。

	1
2	3
4	

1. 长趾可辨
2. 如此专注
3. 津津有味
4. 黑眼铮亮

白胸苦恶鸟

苦恶鸟属

拉丁名：*Amaurornis phoenicurus*
英文名：White-breasted Waterhen
别　名：白胸秧鸡、白面鸡、白腹秧鸡

常见于校园的湖泊、水塘、小岛周边。上体羽色黑，颊、喉、胸、腹均为白色；上下黑白分明。尾部附近覆羽栗红。翅短圆。虹膜红，嘴黄绿，上嘴基部橙红，腿、脚黄褐。雌鸟体形稍小。

鸣声似"苦恶、苦恶"，故而得名。栖息地、习性、食性等类似其他苦恶鸟。鸣声单调重复，清晰嘹亮。

广泛分布于中国北纬30°以南地区，在南方省份为留鸟，在长江流域为夏候鸟，也分布于印度次大陆等地。

1. 夜色幼鸟
2. 前方有虫
3. 信步草坡
4. 绿草黄脚
5. 黑背白胸

白骨顶鸡

骨顶属

拉丁名：*Fulica atra*
英文名：Common Coot
别　名：白骨顶、骨顶鸡

在小蠡湖时而见到。头具白色额甲，故得名。体羽全黑或暗灰黑，多数尾下覆羽掺白。两性相似。虹膜红褐，嘴灰白。腿、脚、趾及瓣蹼橄榄绿，爪色黑褐。

栖于有水生植物的大面积静水或近海水域。能潜水捕食小鱼和水生植物，也吃昆虫、蠕虫、软体动物等。常行走于漂浮植物上。好与其他水鸡混群。

广布于欧亚大陆、非洲，甚至美洲。在中国分布甚广，几乎遍布全国各地。

	1
	2
3	4
5	

1. 形单影只
2. 红白邻居
3. 额板精白
4. 与苇相伴
5. 三友同乐

小黑水鸡

黑水鸡属

拉丁名：*Gallinula angulata*

英文名：Lesser Moorhen

常见于校园小蠡湖。中型涉禽，嘴较长，鼻孔狭长，体色黑褐，翼缘、臀、尾有白羽，脚黄绿，趾长。虹膜黑带红。

栖息于淡水湿地、苇丛、灌丛、草丛和稻田中。善于游泳和潜水，受惊时可潜入水底隐藏，用脚抓住植物经久不出，呼吸时在水面露出鼻孔。不善飞翔，飞时头颈和腿均伸直，飞不远即落入草丛。非繁殖期有群聚现象。杂食性。

在中国分布较广，普遍存在于湿地保护区。

1	
2	3
	4

1. 绿脚黑身
2. 小黑戏荷
3. 独自逍遥
4. 两两相伴

黑水鸡

黑水鸡属

拉丁名：*Gallinula chloropus*

英文名：Moorhen

别　名：红冠水鸡、红冠秧鸡、红骨顶等

繁衍于小蠡湖、水道，护校河及湿地。为留鸟，常见到家族集体活动,或单独行动。全身黑羽，或深棕色。典型特征：额板连嘴基红色(故得名)，嘴先端黄色。脚黄绿，翼暗褐，体侧有白斑，尾下覆羽两侧为白色。雏鸟全身乌黑，额头有鲜明红点。

喜栖于湿地水面或水生植物丛中，杂食性，主食水生昆虫、软体动物与水草及部分植物嫩芽。善泳善潜，悠闲自在。受惊吓时潜水，只露鼻孔呼吸，不易察觉，甚至能在水底抓着沉水植物行走。

分布于亚洲、非洲、欧洲和美洲的部分地区，在中国各地水域常见，在台湾为留鸟。

	1	5
	2	6
3	7	
4	8	

1. 肥鸡枯荷
2. 腾身跃起
3. 鸡戏巨荷
4. 携儿出行
5. 欢快追逐
6. 母子亲情
7. 学会独立
8. 涉水漫步

唐 杜甫 《阆水歌》
巴童荡桨歌侧过，水鸡衔鱼来去飞。
阆中胜事可肠断，阆州城南天下稀。

暗色水鸡

黑水鸡属

拉丁名：*Gallinula tenebrosa*

英文名：Dusky Moorhen

见于校园小蟊湖及岸边。嘴长适中、黑黄、偏尖，后缘圆钝。羽色棕灰，尾下覆羽白色。脚黄绿，趾长，中趾不连爪。

不喜欢开阔水面，飞行缓慢，飞行时头颈和腿均伸直，飞行不远即落下潜入草丛中。其他习性类似于他种水鸡。杂食性。

广泛分布于气温适宜的各处淡水湿地、近水芦苇丛、灌木丛、草丛、沼泽和稻田中。

		1		6	
		3			
2		4	7	8	
5		9			

1. 额色不一
2. 自在游弋
3. 褐鸡三两
4. 动作古怪
5. 荷托水鸡
6. 红褐对比
7. 静立荷塘
8. 水下有料
9. 一前一后

俄　叶赛宁　《夜》之诗译
河水静静流入梦乡,幽深松林悄无声响。
夜莺歌唱已经沉寂,长脚秧鸡不再喧嚷。

鹤形目　GRUIFORMES

秧鸡科　Rallidae

51

VIII 鸥形目　LARIFORMES

鸥科　Laridae

红嘴鸥

鸥属
拉丁名：*Larus ridibundus*
英文名：Common Black Headed Gull
别　名：笑鸥、钓鱼郎

校园附近鼋头渚乃红嘴鸥集聚地，冬季在校园西侧湿地与小蠡湖西畔，偶见红嘴鸥串访。体形较大，眼周有白色羽圈。身体大部分羽毛白色，尾羽黑。虹膜褐色；嘴鲜红，尖端黑；脚橙黄，爪黑。

喜集大群，成群营巢于水域岸边或小岛上。常低空盘旋，或荡漾水面，颇为壮观。荤素杂食，自然环境中以水生动物为主食。

典型候鸟，在中国，春迁北，秋迁南。大量越冬红嘴鸥出现于华东及北纬32°以南的所有湖泊、河流及沿海地带。在世界诸多港湾、江湖、水库，甚至半荒漠水域皆可见。

			6
	1	7	8
2	3	9	
4	5		

1. 向下俯冲
2. 一字展翼
3. 炫技蓝天
4. 湖上骄子
5. 准备俯冲
6. 和谐一家
7. 湖鸥点水
8. 厉声警告
9. 侧飞盘旋

宋　李清照　《如梦令》
争渡，争渡，惊起一滩鸥鹭。

IX 雀形目 PASSERIFORMES

长尾山雀科 Aegithalidae

黑眉长尾山雀

长尾山雀属

拉丁名：*Aegithalos bonvaloti*
英文名：Black-browed Tit

偶见于校园林中。体羽蓬松，双眉浓黑，头顶毛色淡灰黄，嘴、尾黑，肩部灰黑，两翼棕黄。下体羽毛基色白，略带淡棕黄，尾羽长。雌性羽色与雄鸟相似。虹膜黄，脚棕粉色。幼鸟色浅。

多栖息于针阔叶混交林。叫声细弱短促。群活动，性活泼，枝间跳跃或飞翔觅食，行动敏捷，来去突然，叫声柔细，讨人喜爱。以昆虫、花蜜为主食，有益于植物保护与林木虫害控制。

常见于川藏、华中地区，目前也出现于东南地区。也分布于缅甸等国。

1. 黑眉三少
2. 等待母亲
3. 宝宝喊我

1	2
3	

黑头长尾山雀

长尾山雀属

拉丁名：*Aegithalos iouschistos*
英文名：Black-headed Tit
别　名：棕额长尾山雀

偶见于校园庭院树上，体长约11厘米，额眉、髭纹、耳羽及颈侧棕褐。背、两翼及尾深褐灰，胸部棕红。嘴黑，脚褐。

常栖息针叶林，针阔混交林或高山竹林与杜鹃等灌丛间，结群取食于小树和林下植被层，食性类同其他长尾山雀。叫声重复"see-see-see-see"及"trrup"声。示警时发出尖声或颤声。

常见于西藏东南部喜马拉雅山脉东部的山地阔叶林及针叶林，偶现于江南地域。也分布于尼泊尔、不丹、印度、孟加拉、缅甸等亚洲国家。

1	
2	3
	4

1. 扭头聆听
2. 恩爱夫妻
3. 占据高枝
4. 厚翅长尾

银喉长尾山雀

长尾山雀属

拉丁名：*Aegithalos caudatus*
英文名：Long-tailed Tit
别　名：银颏山雀

常见于校园多处庭院树和湖边树丛中。体形纤小，眉浓黑，翅长，尾更长。躯体圆润，羽毛蓬松，雄、雌羽色相似。呈羽色黑或灰色，下体纯白或淡灰色，向后沾葡萄红，喉部白或有蓝灰色斑，虹膜褐，嘴黑，脚棕黑。

食性与习性似其他长尾山雀，活泼好奇，在林间、地面觅昆虫为主食。

为常见林鸟，分布于中国多数地区，数量有所增长。也分布于欧美、澳大利亚。为罗马尼亚国鸟。

		6	8
	1	7	
2	3	9	10
		11	
4	5	12	

1. 花下小雀

2. 叼毛做窝

3. 枝间转移

4. 干枝银喉

5. 小嘴小眼

6. 暂且藏匿

7. 背羽蓝灰

8. 枝间片刻

9. 稀奇冬蕾

10. 憨态可掬

11. 泥堆观望

12. 扑翅落枝

唐　贾岛　《重与彭兵曹》
砚冰催腊日，山雀到贫居。

红头长尾山雀

长尾山雀属

拉丁名：*Aegithalos concinnus*
英文名：Red-headed Tit
别　名：红头山雀

校园林中常见，尤其在鲜花盛开的季节。体小，尾长，头顶栗红，额、喉白底衬大块黑斑，背蓝灰，胸、腹淡棕黄色，或胸带、两胁栗红。羽色雌雄相似，因亚种不同略变。

栖息于山林和灌木林，也见于果园等人类居住地。活泼灵动，常在枝间穿越觅食，主食昆虫，喜食花蜜。漂亮可爱。习性雷同于其他长尾山雀。种群数量较丰富。

在中国分布于中南部地区，也分布于亚洲南部其他国家。

		1	7	8
		2		9
	3	4	10	
	5	6	11	

1. 色块鲜明
2. 奇特亮相
3. 新叶靓鸟
4. 向下瞭望
5. 透光美翅
6. 攀附老树
7. 红绒背影
8. 阳光美雀
9. 你说你的
10. 石上暂歇
11. 美翅抖抖

唐 施肩吾 《幼女词》
姊妹无多兄弟少，举家钟爱年最小。
有时绕树山雀飞，贪看不待画眉了。

扇尾莺科 Cisticolidae

纯色山鹪(jiāo)莺

山鹪莺属

拉丁名：*Prinia inornata*
英文名：Plain Prinia
别　名：褐头鹪莺

见于校园西侧苇丛。体形略大、尾细长。眉纹色浅，上体红棕或灰褐，下体淡皮黄色，嘴细长、色灰黑，脚偏红。

栖息于灌丛、草丛、芦苇地、沼泽、农田附近。荤素兼食。结小群活动，傲气而活泼，鸣叫声响亮。

常见分布于中国东南与西南地区，也出现在印度次大陆和东南亚。

	1		6	
2	3	7	8
4	5	9	

1. 黑目浅眉
2. 领地意识
3. 枯枝鹪莺
4. 绿杆美莺
5. 斜枝小莺
6. 亲亲苇丛
7. 鹪莺幼鸟
8. 扑腾双翅
9. 为啥激动

鸦科 Corvidae

灰喜鹊

灰喜鹊属
拉丁名：*Cyanopica cyana*
英文名：Azure-winged Magpie
别　名：山喜鹊、蓝喜鹊、鸢喜鹊

校园中的留鸟，时常在林缘、草地上见到。外形似喜鹊，体形稍小。头羽全黑，肩、背灰色，两翼和尾部天蓝色，容易辨认。中央尾羽有较宽的漂亮白斑，嘴、脚黑。

主要栖息于丘陵和山脚平原的次生林和人工林内，也见于人居环境。杂食性，喜食数十种农林害虫，是最著名的益鸟。据统计，单鸟年均消灭松毛虫约15 000条，可保护一亩松林免受虫害。

在我国东部分布很广。千百年来被视为吉祥之鸟。人工饲养灰喜鹊保护经济林的举措已经成功。

		6	7
	1	8	9
2	3		
4	5	10	

1. 黑头美尾
2. 长尾似剪
3. 五鹊盟会
4. 青春酷少
5. 透光翼尾
6. 顶住寒风
7. 草上巡视
8. 黑帽蓝袍
9. 冬枝三侠
10. 竹筒灰鹊

《诗经·召南·鹊巢》
"维鹊有巢，维鸠居之"

喜鹊

鹊属

拉丁名：*Pica pica*
英文名：Black-billed Magpie
别　名：鹊、客鹊、飞驳鸟

常年游荡于校园。体大，羽色黑白相间，头、颈、背至尾均为黑色，有的呈现紫、绿蓝、暗绿等金属光泽。双翅黑，翼肩有大型白斑，腹面以胸为界，前黑后白。尾长，呈楔形，嘴、脚纯黑。

常生活在人居环境，喜食谷物、昆虫。鸣声单调、响亮，甚至嘈杂。比较凶悍，不畏猛禽，甚至会组织集群围攻其他鸟类。智商高，据维基百科介绍，喜鹊是目前唯一通过镜测（明白镜像是本体）的非哺乳动物。

喜鹊几乎遍布北半球。在中国、韩国和朝鲜民间，喜鹊乃吉祥象征。由于大量使用农药、化肥及环境污染等因素，曾使种群数量急剧减少。一些地区将其列为重点保护鸟类。

	1		
	2		7
3	4	8	9
5	6	10	

1. 草上美鹊
2. 我爱清洁
3. 一字飞行
4. 边飞边吼
5. 黑白分明
6. 蓝衣修女
7. 过度溺爱
8. 垂翅空降
9. 蓝光闪闪
10. 美翅招摇

宋 苏轼 《喜鹊》
喜鹊翻初旦，愁鸢蹲落景。

达乌里寒鸦

鸦属

拉丁名：*Corvus dauuricus*

英文名：Daurian Jackdaw

别　名：东方寒鸦

在校园水系附近常见。体羽以黑色为主，时而闪现蓝紫金属辉光。后肩有白斑，向两侧延伸，胸腹大块白羽，黑白色块对比极为醒目。嘴粗、黑，脚黑。

栖息于各类自然生境和农田、牧场中，尤以水边岩体和林地较常见。喜结群，有时与其他鸦类混群。杂食性强，主食昆虫。叫声短促、尖锐、单调。

在中国分布较广，部分在中东北南部、华北、华东、长江流域、东南沿海和西藏南部地区越冬。由于农药和杀虫剂的大量使用，引起环境污染，致使种群数量明显下降。

		1
		2
	3	4
	5	

1. 黑颈白腹
2. 一前一后
3. 双鸦之争
4. 隐身屏障
5. 盯着相机

元　白朴　《天净沙·秋》
孤村落日残霞，轻烟老树寒鸦，
一点飞鸿影下。

黄嘴山鸦

山鸦属

拉丁名：*Pyrrhocorax graculus*
英文名：Yellow-billed Chough

校园中常见。体形相对小些。羽色乌黑，无白斑，阳光下闪烁着金属辉光。嘴黄，略下弯。幼鸟腿灰，嘴上黄色不明显。虹膜深褐。

主要栖息于山崖、边坡，寻食于牧场、草地、耕地附近。杂食，叫声喧闹。喜欢低空掠行，你追我赶。

在中国分布较广。也分布于欧洲、亚洲、非洲等许多国家。

1	
2	
3	
4	

1. 草花黑鸦
2. 草上黑影
3. 你追我赶
4. 展翅掠行

宋　欧阳修　《早春南征寄洛中诸友》
芳林逢旅雁，候馆噪山鸦。

梅花雀科 Estrildidae

白腰文鸟

文鸟属

拉丁名：*Lonchura striata*

英文名：White-rumped Munia

别　名：十姊妹、算命鸟、衔珠鸟等

在校园东南隅见到。上体暗沙褐，具白色丝羽，腰白，尾羽黑，额、嘴基、眼先、颏、喉暗褐。雌雄有异，雄鸟胸羽带鳞状纹。虹膜红褐，上嘴黑，下嘴蓝灰，脚铅黑。

栖息于各种林地、田园。以谷粒、草籽、果实、叶芽等为食，也吃昆虫等动物性食物。夏秋季节成群飞往粮田、仓库盗食，故有"偷仓"之称。文鸟具有学习能力，可按指令表演。

在中国见于长江流域及以南各省。也分布于亚洲偏南地区。

		1		7
		2		
3	4	8	9
5	6	10	

1. 你藏我现
2. 白丝缀褐
3. 沐浴阳光
4. 苇丛藏身
5. 商量一下
6. 我说你听
7. 雌雄有异
8. 三鸟凑趣
9. 褐背白腰
10. 少小相依

《汉武内传》如此形容西王母"戴太真晨婴之冠，履元璃风文鸟，视之年三十许，修短得中，天姿掩霭，容颜绝世，真灵人也。"

斑文鸟

文鸟属

拉丁名：*Lonchura punctulata*

英文名：Scaly-breasted Munia

别　名：花斑衔珠鸟、麟胸文鸟、鱼鳞沉香

校园庭院树中偶见斑文鸟幼鸟，栗色，下体皮黄褐，尚未长出鳞状腹斑。嘴厚，上褐下黄，脚铅灰。虹膜暗褐色。成鸟则额、眼先栗褐，背、肩淡棕褐，胸淡棕白，雄鸟腹部具弧形鳞状羽缘斑（故得名"斑文鸟"），雌鸟则无斑纹。

主要栖息于低山、林缘疏林及近水区。为留鸟，除繁殖期间，多成群。以谷粒为主食，也吃果实与种子，繁殖期间食昆虫。

遍布于中国南部，包括江苏南部。古代称文鸟为"禾雀"。在亚洲、欧洲、非洲、北美洲及大洋洲亦有分布。

1. 厚羽短尾
2. 栗背短脚
3. 相依为靠
4. 伸伸懒腰

燕雀科 Fringifillidea

燕雀

燕雀属

拉丁名：*Fringilla montifringilla*

英文名：Brambling

偶见于校园东侧桃李园、草地。体羽红白黑相间，色杂乱。雄鸟头、背辉黑，背羽带黄褐。颏、胸橙黄，腹、尾下覆羽白，两胁淡棕具黑斑。翅、尾黑，翅上具白斑。雌鸟体色浅。虹膜暗褐，嘴粗，呈圆锥状，嘴基角黄色，嘴尖黑，脚暗褐。

栖息于各种小树林内。以植物性食物为主食，尤喜杂草种子，繁殖期主要以昆虫为食。叫声重复、单调响亮。

从黑龙江到海南多有分布，为冬候鸟和旅鸟，迁徙期间集成大群。也出现于亚洲、欧洲、北美洲许多国家。

1	
2	
3	
	4

1. 黑眼黄眶
2. 发现什么
3. 红胸花脸
4. 羽色杂乱

唐 张籍 《横吹曲辞·望行人》
无因见边使，空待寄寒衣。
独闭青楼暮，烟深鸟雀稀。

金翅雀

金翅雀属

拉丁名：*Carduelis sinica*

英文名：Grey-capped Greenfinch

别　名：金翅、黄楠鸟等

季节性成群出现于本校药草园等处，特别在向日葵结籽期间，常见雄鸟抢食打斗的趣影。头顶灰褐，羽色艳黄嵌褐，羽尖灰白，覆羽和腋羽鲜黄，非常醒目易辨。雌鸟羽色较暗。

喜食谷粒、仁籽，繁殖期食用昆虫。性活跃、翻飞打斗不停。部分为留鸟，部分为垂直迁移候鸟。

分布于我国大部分省份，也分布于俄罗斯、日本和朝鲜半岛等地。

1. 贪嘴幼鸟
2. 金翅掠葵
3. 密林幼雀
4. 片刻安分
5. 葵籽吾爱
6. 打斗不停
7. 隔枝观斗
8. 细枝三雀
9. 草丛惊飞
10. 驱赶对手

	1		7	
3	2		8	9
	4			
5	6	10		

唐　李白　《送裴十八图南归嵩山二首》
风吹芳兰折，日没鸟雀喧。

灰颈鹀（wú）

鹀属

拉丁名：*Emberiza buchanani*
英文名：Grey-necked Bunting

在校园西边界偶见。头、颈部青灰，喉、胸羽色具淡、暗相间的干纹。背至尾覆羽灰褐；翼羽、飞羽和尾羽暗褐，羽缘带淡红褐色。腋及翼下覆羽污白。眼圈有白。喙呈圆锥形，上下喙不合缝，且有色差。虹膜褐，脚深粉红。

栖息于林丛、山坡、荒野、耕地，主食植物种子、幼芽和昆虫。多与其他鹀类结成同属集群。

主要分布于中国及与西域接壤的诸国、中东地区等，秋季迁往南方。

		1
		2
3	4	
5		

1. 转身观望
2. 下有动静
3. 颈下美斑
4. 藏身乱色
5. 灰头红脚

小鹀

鹀属

拉丁名：*Emberiza pusilla*

英文名：Little Bunting

别　名：高粱头、虎头儿

见于校园西侧边界混交林中。体羽似麻雀，外侧尾羽镶白。雄鸟夏季头羽赤栗有纹。上体余部沙褐色，背部具暗褐纵纹。下体偏白或皮黄，胸及两胁具黑色纵纹。冬羽较淡，无黑色头侧线。

主要栖息于稀疏树林、灌丛林缘沼泽、草地。主食草籽、种子、果实等，也吃昆虫等动物性食物。多结群，时而活动于地面，或穿梭于草丛或灌木低枝。

分布于我国东部从北到南的地区，也见于欧亚多国及美国。

1	
2	
3	4
	5

1. 扭头回望
2. 秀气小鹀
3. 干枝肥鹀
4. 浅羽鹀少
5. 正对镜头

75

灰头鹀

鹀属

拉丁名：*Emberiza spodocephala*
英文名：Black-faced Bunting
别　名：蓬鹀等

校园西侧树丛、荒地可见。背羽花纹类似麻雀，但头部纯灰，眼周黑色。喉和下体淡硫黄或浅皮黄。雌鸟羽色偏淡。虹膜黑，喙呈圆锥形。

活动于各种林木、田野环境，一般主食植物种子，特别喜食大量杂草种子，有除莠作用。也食昆虫，有益于农林保护。

分布于中国，数量多，也见于中东亚与欧洲少数国家。

			5
	1		
2		6	
3	4	7	

1. 背对镜头
2. 小道小鸟
3. 机警张望
4. 黑褐相间
5. 灰头黑脸
6. 黄腹褐翅
7. 警惕前方

77

田鹀

鹀属

拉丁名：*Emberiza rustica*

英文名：Rustic Bunting

别　名：花眉子、白眉儿、田雀等

在校园西侧较偏僻的草地上偶见。雄鸟羽毛的色彩深浅对比明快，冠羽略凸起，棕褐，眉纹白且粗，耳羽有白色小斑。背羽栗红，具黑纹，翼及尾暗褐。颊、喉至下体偏白。雌鸟与雄鸟体态相似，但羽色略浅。虹膜暗褐；上嘴和嘴尖呈角褐色，下嘴肉色，脚肉黄色。

一般栖息于平原混交林、灌木丛和沼泽草甸，也见于低海拔山麓及开阔田野，以草籽、谷物为主食。冬季常单独活动，经常竖起冠羽。虽不甚畏人，但亦经常转移阵地。成群迁徙，有时与鹀属的其他种类混群活动。

在中国数量多，分布广，为较常见的冬候鸟。也分布于欧洲及日本、朝鲜半岛等东亚地区。

1	
2	

1. 转过头来
2. 深栗美斑

黑头蜡嘴雀

蜡嘴雀属

拉丁名：*Eophona personata*
英文名：Japanese Grosbeak
别　名：蜡嘴、皂儿、小桑嘴等

在校园东北侧苗圃的树丛中常见成群黑头蜡嘴雀。嘴粗厚，蜡黄，与黑尾蜡嘴雀的区别在于嘴尖不黑。雄鸟头尾黑色，翅黑，末端有白斑，背羽灰，肋棕，尾部有分叉。雌鸟翅黑，余部多棕灰，尾端黑。

繁殖于我国东北和长江中、下游一带。常见几十只结群，也见小群或单独活动。活跃于树间，跳跃不停，叽喳鸣叫。食谷粒、仁果、水果、昆虫等。

蜡嘴雀有一定智商，容易驯养，可表演小杂技。

1	
2	
3	4
	5

1. 明眸蜡嘴
2. 俯身啄花
3. 黑头雄鸟
4. 夫行妇随
5. 黄嘴之家

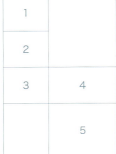

唐　李白
《感时留别从兄徐王延年、从弟延陵》
阶轩日苔藓，鸟雀噪檐帷。

黑尾蜡嘴雀

蜡嘴雀属

拉丁名：*Eophona migratoria*

英文名：Yellow-billed Grosbeak

别　名：蜡嘴、皂儿、小柔嘴等

在校园各处乔木林中常年可见。嘴黄、粗厚，嘴尖黑。雄雌异形异色。雄鸟头部辉黑，背、肩灰褐，翼、尾黑色为主，初级覆羽和外侧飞羽具白色端斑。下体灰褐或沾黄色。雌鸟头尾灰褐，背呈灰黄褐，腰、尾覆羽近银灰色，端部黑褐。下体淡灰褐，腹和两胁橙黄，其余同雄鸟。

该鸟食性与习性类同黑头蜡嘴雀，常与其混群。

分布于中国、俄罗斯西伯利亚东南部和远东南部、朝鲜、日本等地。蜡嘴雀无论雄雌的形象都憨态可掬，惹人喜爱，是中国传统的笼养鸟种。

	1	6	
2	3	7	9
		8	
4	5		

1. 鸣声嘈杂
2. 兄弟来了
3. 小群相聚
4. 准备冲刺
5. 路边亮相
6. 吵吵嚷嚷
7. 酷少好逑
8. 向下扑食
9. 嘴尖带黑

唐　卢照邻　《长安古意》
御史府中乌夜啼，廷尉门前雀欲栖。

燕科 Hirundinidae

家燕

燕属

拉丁名：*Hirundo rustica*
英文名：Swallow
别　名：燕子、拙燕

春夏见于校园北侧生活区与办公楼宇及湖畔。喙短而宽扁，基部宽大，上喙近先端有缺刻较深。翅狭长而尖，尾呈叉状，也称为"燕尾"。上体蓝黑色，带金属光泽，腹白，颏、喉和上胸棕栗。虹膜暗褐，嘴黑褐，脚黑。

常成对或成群栖息、营巢于人类居住的环境，作窝考究，育雏情深。以昆虫为主食，为益鸟。体态轻捷伶俐，飞行迅速敏捷，忽上忽下，急速变换方向。

家燕是中国人最熟知的夏候鸟，民众自古就有保护家燕的习俗和传统。家燕也广泛分布于全世界，是爱沙尼亚和奥地利的国鸟。

	1	6	
	2		
3	4	7	8
	5	9	
		10	

1. 动静相宜
2. 湖畔嬉戏
3. 展翅起翔
4. 衔泥筑巢
5. 辛勤母燕
6. 靓翅如蝶
7. 黄口小儿
8. 个个有份
9. 一阵混乱
10. 蜻蜓美食

唐　白居易　《钱塘湖春行》
几处早莺争暖树，谁家新燕啄春泥。

伯劳科 Laniidae

红背伯劳

伯劳属

拉丁名：*Lanius collurio*
英文名：Red-backed Shrike

常见于校园林缘及湖畔。体形小，雄鸟上体偏红褐色，背羽栗红色，下体棕白。雌鸟，具黑色细小鳞状纹，上体褐色，翼斑不显著。

喜平原及荒漠原野的灌丛、开阔林地及树篱。以昆虫为主食。单独或成对活动，性活泼，常在枝头跳跃，上下腾飞或静注四周，等待猎物出现，迅速捕猎，再回栖木歇息。繁殖期仰首翘尾，高声鸣唱，粗犷响亮、激昂有力。

分布于中国西北部及其他地区（旅鸟），以及欧洲中西部、亚洲中部，在中东、非洲越冬。

	1	6	7
	2	8	9
3	4	10	
	5		

1. 逮着害虫
2. 美翼如扇
3. 独立桩头
4. 俯冲英姿
5. 厉声高叫
6. 翘尾以待
7. 莲叶田田
8. 扑将而来
9. 舒缓松翅
10. 浴后打理

南北朝 萧衍 《东飞伯劳歌》
东飞伯劳西飞燕，黄姑织女时相见。

85

栗背伯劳

伯劳属

拉丁名：*Lanius collurioides*
英文名：Chestnut-backed Shrike

在校园多处庭院树上出现。较之棕背伯劳，体小，尾短，色彩稍淡。雄鸟额黑，头顶至上背青灰；背羽栗色；颏、颊及喉纯白，尾羽黑褐色，其余下体近乳白色，胸、胁染以锈棕色。虹膜暗褐，嘴黑，脚铅灰。雌性成鸟的头顶至上背为灰羽略染淡褐，无明显额黑。

栖息于各种林地。常单独或成对活动在小树顶枝。性凶猛，不仅善于捕食昆虫，也能捕杀小鸟、蛙和啮齿类。习性似其他伯劳。

分布在中国偏南部地区，以及南亚部分国家。

	1
2	3
4	

1. 肩灰背栗
2. 脱身转移
3. 雍容肥硕
4. 宛若纸鹞

宋　文天祥　《山中再次胡德昭韵》
人生柳絮斗坚牢，过眼春光欢伯劳。

红尾伯劳

伯劳属

拉丁名：*Lanius cristatus*
英文名：Brown Shrike

见于校园混杂林中。伯劳属中典型的种，也译为"棕尾伯劳"。成鸟特点为尾部棕红，喜欢岔开，前额灰，眼罩宽黑，喉白。头及上体褐，下体皮黄。亚成鸟背及体侧具深褐色细小鳞状斑纹。耳羽黑，虹膜褐，嘴黑，脚灰黑。

一般生活于温湿地带森林，常见于林缘、河谷、湖畔、开阔地。主食各类昆虫，偶尔食少量草籽。性格雷同其他伯劳。

在中国分布广泛，也广布非洲、欧洲、亚洲及美洲。

1	
2	3
	4

1. 扭头一望
2. 叉尾奇观
3. 灰头红尾
4. 潇洒侧影

明 岳岱 《东飞伯劳歌》
东飞伯劳西飞燕，玉关巫峡难相见。
春时寄书人不归，秋风一夕绕罗帷。

灰伯劳

伯劳属

拉丁名：*Lanius excubitor*
英文名：Great Grey Shrike
别　名：北寒露、屠夫鸟

校园乔木上见到。雄鸟顶冠、颈背、背及腰灰色；粗大的黑色过眼纹，其上具白色眉纹；两翼黑色具白色横纹；尾黑，边缘白色；下体近白，上体灰色较浅。雌鸟及亚成鸟色较暗淡。虹膜褐，嘴黑，脚偏黑。

多生活于从平原到山地的疏林或林间空地。鸣声尖而清晰。性凶猛，嗜吃小型兽类、鸟类、蜥蜴、昆虫及其他活动物。落地捕食，也常栖树顶，将猎物挂在带刺的树枝上，借此撕食，故称为"屠夫鸟"。

为中国北方常见大型伯劳，春、秋季沿北方各省迁徙，少数在中国越冬。也分布于欧洲中部、亚洲北部。也在中亚、印度、非洲越冬。

		1
		2
	3	4

1. 阳光初照
2. 静立片刻
3. 灰头灰身
4. 低头思过

唐　陆龟蒙 《和袭美馆娃宫怀古五绝》
伯劳应是精灵使，犹向残阳泣暮春。

棕背伯劳

伯劳属

拉丁名：*Lanius schach*
英文名：Long-tailed Shrike
别　名：海南鹗（jú）、桂来姆

校园中常见，体形较大，头大，头顶至后颈灰色，贯眼纹黑，颏、喉白。背棕红，色浓。黑翅具白色翼斑，下体棕白。喙粗且侧扁，先端具利钩齿突，尾特长、黑色，嘴、脚黑色。

为留鸟，栖息于低山丘陵次生阔叶林和混交林。也活动于园林、农田、村宅附近。多单独活动。主食昆虫，一旦发现猎物，立刻追捕。性凶猛，好占域。繁殖期间善驱入侵者，见人情绪激动，长尾左右摇摆不停。

在中国常见，亦分布于西亚、中亚、南亚和东南亚地区。

1	
2	3
	4

1. 伯劳王子
2. 造访苇丛
3. 英姿飒爽
4. 翘尾以待

宋　王安石
《李君昆弟访别长芦玉淮阴追寄》
忽看淮月临寒食，想映江春听伯劳。

黑额伯劳

伯劳属

拉丁名：*Lanius minor*
英文名：Lesser Grey Shrike
别　名：小灰伯劳

校园林中可见。雄鸟额部与次级飞羽黑色较重，两胁带粉色。头顶至尾上覆羽暗褐灰色；尾羽纯黑，但外侧具白色羽基（超过尾羽全长之半）和大型白端斑。虹膜褐，嘴灰，脚黑。

立势甚直，较为凶狠。会选用芳香蒿草结巢，具其他伯劳罕见的筑巢能力。"吱吱"的哨音略似鹀类。食性与其他习性类同其他伯劳。

分布在中国西北部（夏候鸟）和其他地区（冬候鸟），以及欧洲中部、南部，西亚，非洲南部（冬候鸟）等地。

	1
2	3
4	

1. 杉枝高处
2. 黑红分明
3. 矫健酷冷
4. 路边等待

宋　于石　《伯劳》
呜呼有生初，蠢蠢不知几。
血气均有欲，扰扰靡穷已。

鹡鸰科 Motacillidae

红喉鹨（liù）

鹨属

拉丁名：*Anthus cervinus*

英文名：Red-throated Pipit

在校园混交林中、草地上发现的褐色鹨，喉下偏红，胸带粗重黑褐纵纹，贯眼纹棕红色。喙较细长，翅尖长，尾细长。虹膜褐，嘴角质色，基部黄色，脚肉色。区别于树鹨为上体黑褐色较重，腰部多纵纹；区别于北鹨为腹部粉皮黄色。

栖息于各种温湿林地，多成对活动，在地上、枝间行走觅食，受惊动即飞到树枝或岩石上。以昆虫为主食，也吃少量植物性食物。叫声尖细悦耳。

在中国广泛分布，也分布于南亚、北非、北美。

1. 饱肥肚囊
2. 红喉红脚
3. 腹斑醒目
4. 有虫经过
5. 喉胸染红

1	
2	
3	4
	5

《尔雅·释鸟》

"雉之暮子为鹨。"

北鹨

鹨属

拉丁名：*Anthus gustavi*

英文名：Pechora Pipit

校园湖边树丛中见到。体形偏长。背灰褐，多纵纹，腹部较白。喙较细长，翅尖长，尾细长，外侧尾羽具白。虹膜褐；上嘴角质色，下嘴粉红；脚粉红。易与水鹨、树鹨混淆。

通常栖息于河滩、海滨、灌木丛及田野、林缘地区。好做有规律的上下摆动，腿细长，后趾具长爪，适于在地面行走。食性及习性似其他鹨类。

分布于中国东部从北到南地带，以及东亚部分地区。

		1
	2	3
	4	

1. 回头注视
2. 扭头观察
3. 清新北鹨
4. 嘴脚粉红

《吕氏春秋·仲夏》
「天子以雏尝黍」
汉高诱注：雏，春鹨也。

树鹨

鹨属

拉丁名：*Anthus hodgsoni*
英文名：Olive-backed Pipit
别　　名：木鹨、麦加蓝儿、树鲁

见于校园多处庭院树丛，杂林和地面。上体有绿褐羽纹，头顶具细密黑褐纵纹，往后到背部纵纹渐不明显。胸有黑色纵纹。翅尖长，内侧飞羽几与翅尖平齐；尾细长，外侧尾羽具白，虹膜红褐，上嘴黑，下嘴肉黄。

栖息林缘、草地、人居环境等各类生境。以昆虫为主食，也食苔藓、谷粒、杂草种子等。边飞边鸣，声音尖细。站立时尾常上下摆动。

夏候鸟在我国东北、西北地区出现，越冬于长江流域以南、东南沿海、云南、西藏南部、台湾和海南岛等地。也分布于亚洲、欧洲中南部的地区。

1	
2	3
	4	5

1. 美目乌黑
2. 伸伸懒腰
3. 樱枝含苞
4. 黑绿美纹
5. 自我逍遥

西晋　左思　《三都赋》
岩穴无珘鼪，翳荟无（麢）鹨。

草地鹨

鹨属

拉丁名：*Anthus pratensis*

英文名：Meadow Pipit

在校园偏僻处草地上发现。头顶具黑色细纹，背羽暗橄榄灰，体边侧略带皮黄，腹部纵纹浅而稀疏，两翼双斑清晰。尾褐，虹膜褐，嘴角质色，脚偏灰红色。

主要在杂林附近的草地活动，好结松散小群，很机警。具特征性爬行动作。发出轻而尖的"sip-sip-sip"声。其余习性似其他鹨类。

分布于中国大陆许多地区，以及欧洲、北非等部分地区。

		1
2	3	
	4	
5		

1. 草地小鹨
2. 迈腿行进
3. 春寒料峭
4. 思量片刻
5. 初春肥鹨

清　袁枚　《随园诗话》卷十一
"念二人俱是么豚暮鹨，遂相订为婚。"

黄腹鹨

鹨属

拉丁名：*Anthus rubescens*

英文名：Buff-bellied Pipit

在校园湖边杂木林与草地上见到。体肥胖。羽色似树鹨，但上体褐浓，胸底色皮黄，胸及两胁具浓密黑色纵纹，腹下体渐白。上喙较细长，翅尖长，内侧飞羽几与翅尖平齐，尾细长。虹膜褐，上嘴角质色，下嘴偏粉，脚暗黄。

主要栖息于山地、林缘、灌木丛、草原、河谷地带。冬季喜沿湿润多草地区及稻田活动。其他习性类似树鹨。

越冬于中国东北至云南及长江流域，也见于亚洲、美洲多国，在欧洲可见旅鸟。但分布范围有限，数量有所减少，原因是天然栖息地被破坏。

1	
2	
3	4
	5

1. 草丛鹨影
2. 回归僻处
3. 杂草小鹨
4. 阳光初照
5. 黄腹黑纹

康熙字典 《郭注》
大如鹨雀，色似鹑，江东名之曰天鹨。

水鹨

鹨属

拉丁名：*Anthus spinoletta*
英文名：Water Pipit

在校园化工楼北侧湖边见到。上体橄榄绿灰，有褐色纵纹，眉纹乳白，下体基色灰白，胸带黑褐纵纹。虹膜暗褐，嘴暗褐，脚肉色或肉褐色。

喜栖近水、湿润、多草地块。在地上或灌丛中不停觅食。以昆虫、小型无脊椎动物为主食，亦食植物性食物。相比多数其他鹨而言，姿势较平。性活跃，野外停栖时，常上下摆动尾部。

分布地域广泛，出现于中国和欧亚大多数国家。

		1
		2
	3	4
	5	

1. 灰肩粉脚
2. 好奇之心
3. 仔细观察
4. 大步前行
5. 泥坡拟色

96

《正字通》
鹨，俗呼告天乌，其鸣如龠，形丑善鸣，声高多韵。

白鹡鸰（jí líng）

鹡鸰属
拉丁名：*Motacilla alba*
英文名：White Wagtail
别　名：白颤儿、点水雀、张飞鸟等

常年出现于校园草坡、湿地。肩背灰色为主，飞羽灰、白、黑相间。尾长而窄，尾羽主体黑色，最外两对尾羽白，其余下体白色。虹膜黑褐，嘴和跗跖黑色。

栖息于水域附近的村落、农田、草场等。常成对或结小群活动。以昆虫、蠕虫为食，可在空中捕食，飞行特点忽上忽下；行走觅食时，头颈一伸一缩。边飞边鸣，鸣声"jilin-jilin-"，清脆响亮。停息时尾部不停上下摆动。

广布于全球，主要分布在欧亚大陆和非洲北部，在中国分布广泛，夏候鸟出现于中北部广大地区，华南地区为留鸟。

1	
2	
3	4
	5

1. 雨中出发
2. 揪出黄鳅
3. 妇前夫后
4. 草上倩影
5. 美食到嘴

汉　班固
《汉书》卷六十五《东方朔传》
辟若鹡鸰，飞且鸣矣。

灰鹡鸰

鹡鸰属

拉丁名：*Motacilla cinerea*

英文名：Grey Wagtail

在校园西侧水系较偏僻处见到。雄鸟前额、头顶、枕和后颈灰色或深灰色；下体部分鲜黄。雌鸟上体呈绿灰。虹膜褐，嘴黑褐，脚灰红。

食性与习性类似于白鹡鸰。尤喜活动于山区河岸和道路上，也出现在林间溪流和城市公园中。

在长江以北主要为夏候鸟，部分旅鸟，在长江以南主要为冬候鸟。也分布于欧亚大陆和非洲。

	1
2	3
4	

1. 石上观望
2. 红虫美味
3. 漫步泥塘
4. 与鹭为邻

《诗经》——《子衿》

题彼脊令，载飞载鸣。

我日斯迈，而月斯征。

黑背鹡鸰

鹡鸰属

拉丁名：*Motacilla lugens*

英文名：Black-backed Wagtail

校园水系附近草地上常见这种黑白分明的小鸟。背近乎全黑，冬鸟背灰而具黑色点斑，两翼大部为白色(与日本鹡鸰的主要区别)。颊白，胸有大块盾形黑斑，雌鸟似雄鸟，但色较暗，亚成鸟羽色偏灰。 虹膜褐，嘴黑，脚黑。

食性、习性似白鹡鸰。常栖于近水开阔地带、稻田、溪流边及小道上。受惊扰时飞行骤降，并发出示警叫声。

常见于东部沿海地区，有南北迁徙记录，少数在台湾越冬。曾经被分类为白鹡鸰的亚种。

1	
2	3
	4

1. 心形胸斑
2. 草甸漫步
3. 鹡鸰在原
4. 黑背白翅

《诗·小雅·常棣》
"鹡鸰在原，兄弟急难。"

日本鹡鸰

鹡鸰属

拉丁名：*Motacilla grandis*
英文名：Japanese Wagtail

在校园不同环境中出现。上体多黑色，额、颏及眉纹白，下体白，两翼黑具白色横斑及羽缘，尾黑，边缘白。虹膜深褐，嘴黑，脚黑。

常单独或成对活动在农田和水域附近。多在地上行走或奔跑捕食，主要以水生和陆生昆虫及昆虫幼虫为食。其他习性与其他鹡鸰相似。

据称原产于日本，分布于中国及东亚部分地区。曾经分类为白鹡鸰亚种之一，1994年被认定为独立物种。

		1		6	
2		3		7	8
		4			
	5			9	

1. 叼着食物
2. 白脸黑头
3. 再次起翔
4. 早起觅食
5. 黑白分明
6. 刚刚降落
7. 炫酷振飞
8. 立足枯枝
9. 冲向目标

唐　孟浩然　《入峡寄弟》
泪沾明月峡，心断鹡鸰原。
离阔星难聚，秋深露已繁。

黄鹡鸰

鹡鸰属

拉丁名：*Motacilla flava*

英文名：Yellow Wagtail

于图书馆西侧湖边偶见黄鹡鸰雌鸟。黄鹡鸰亚种繁多，羽色差异大，典型亚种的雄鸟头、腹、臀部具有鲜艳的黄色，有的雌鸟及亚成鸟无黄色体羽，腹部灰白。有些亚种背羽灰褐色，非繁殖期体羽褐色较重。双翼有两道白斑，尾部细长。虹膜、嘴、脚黑褐。

生活习性类似于其他鹡鸰种类，行摇飞鸣，叫声清脆。

出现于中国各地，多为旅鸟和冬候鸟。也栖息于欧洲、亚洲、非洲许多国家。

	1	
2	3	
	4	

1. 阶上来客
2. 蹁跹转移
3. 飞回营地
4. 伸伸懒腿

唐　李隆基　《鹡鸰颂》

行摇飞鸣，急难有情，情有馀兮。

顾惟德凉，夙夜兢惶，惭化疏兮。

鸦雀科 Paradoxornithidae

灰喉鸦雀

鸦雀属

拉丁名：*Paradoxornis alphonsianus*
英文名：Ashy-throated Parrotbill

校园林中见到。体圆，嘴小，与棕头鸦雀的区别在头侧及颈褐灰，喉及胸灰色。虹膜褐，嘴、脚灰粉。

栖于竹林、密丛、高草及灌丛。以昆虫为主食，也吃小型无脊椎动物和植物果实与种子。常成对或成小群活动。

多见于中国西南及越南北部。地区性常见留鸟。

1	
2	3
	4

1. 下有情况
2. 缩起单脚
3. 休息一会
4. 我爱红梅

褐翅鸦雀

鸦雀属

拉丁名：*Paradoxornis brunneus*
英文名：Brown-winged Parrotbill

常年见于校园河畔和楼前乔木中。体形较小，与棕头鸦雀的区别在于，头部至上背羽色更暗，两翼及尾部暗褐。嘴部多棕褐色。虹膜褐，脚粉灰。

其他习性类似于棕头鸦雀。

分布范围主要在中国南半部及缅甸东北部等地区。

		1
	2	3
		4
	5	

1. 俯身探查
2. 褐门五兄
3. 苇间跳跃
4. 斜立苇秆
5. 姿态各异

宋　王质　《东流道中》
冬青匝路野蜂乱，荞麦满园山雀飞，
明朝大江送吾去，万里天风吹客衣。

红头鸦雀

鸦雀属

拉丁名：*Psittiparus bakeri*
英文名：Rufous-headed Parrotbill

在校园西侧桥边芦苇丛中偶见到。头羽偏红，无黑色眉纹，翅膀棕红，肩部偏褐，下体近白。虹膜红褐，嘴端及下嘴灰色，脚灰。

结小群栖于竹林、灌丛、苇丛及高草丛，在细枝或草茎上穿梭活动。有时与其他种类混群。习性类似其他鸦雀种类。

分布于印度东北部至中国西南、缅甸及亚洲北部。曾作为棕头鸦雀的亚种。

1	
2	
3	

1. 桥边红雀
2. 二雀戏苇
3. 侧身探访

棕头鸦雀

鸦雀属

拉丁名：*Paradoxornis webbianus*
英文名：Vinous-throated Parrotbill

见于校园图书馆西侧夹竹桃树丛等处。雌、雄羽色相似。头顶圆，棕色羽绒蓬松，肩部灰褐，翅膀红棕，尾暗褐。下体余部淡褐。虹膜暗褐，嘴黑褐，脚铅褐。

常栖息于灌丛、矮树及高草丛，甚至出现于城镇公园，为较常见留鸟。主食昆虫，也吃小型无脊椎动物和植物果实与种子。常成对或成群活动，性活泼而大胆，常边飞边叫，鸣声低沉而急速。

遍布于中国东部、中部及长江以南各省。也分布于俄罗斯远东、朝鲜、东南亚一些国家。

	1	6	
2	3	7	8
4	5	9	

1. 棕头棕身
2. 拍翅落地
3. 藏身林中
4. 有所发现
5. 褐色隐士
6. 叶下探究
7. 褐翅幼鸟
8. 夹竹桃下
9. 林间小歇

山雀科 Paridae

大山雀

山雀属

拉丁名：*Parus major*

英文名：Great Tit

校园庭院树林中及其他混杂林中常见。雄鸟额、头顶、枕、后颈上部、喉和前胸辉蓝黑，脸颊、耳羽和颈侧显三角形白斑。白色下体带宽阔黑色纵带，使胸和尾下覆羽黑斑相连。虹膜暗褐，嘴、脚黑褐。雌鸟特征不如雄鸟明显，色暗，腹黑带较浅。

栖息于各种林地环境。主要以害虫为食，为常见的森林益鸟之一，亦食其他小型无脊椎动物和植物性食物。性活泼而大胆，行动敏捷，不甚畏人。幼鸟晚成。

在全球分布较广，在中国多数地区为留鸟，部分为秋冬季旅鸟。

	1	6	
3	2	7	8
	4	9	
	5	10	

1. 黄昏背影
2. 下有情况
3. 呼唤母亲
4. 赶快行动
5. 嗷嗷待哺
6. 肥臀细腿
7. 看了又看
8. 石缝觅食
9. 暗洞藏身
10. 换个角度

宋　王质　《东流道中》
冬青匝路野蜂乱，荞麦满园山雀飞，
明朝大江送吾去，万里天风吹客衣。

西域山雀

山雀属

拉丁名：*Parus bokharensis*

英文名：Turkestan Tit

夏季，校园小蠡湖畔出现西域山雀，头顶黑，脸颊白，背羽呈较单纯灰色，尾较长，略楔形。喉带黑羽，但腹部无连贯黑带。虹膜深褐，嘴黑，脚青石灰。

多见于针叶林、落叶林或混交林间、在沙漠或沿溪流的灌丛亦可见于沼泽地带。食性与习性类似大山雀，但叫声较细婉。

常见于中国西北部，也见于江南地区。亦分布于俄罗斯、阿富汗、蒙古等国。

	1
	2
3	4
5	

1. 利爪如钩
2. 老树新雀
3. 新的乐园
4. 冲下斜坡
5. 收获虫蛹

宋　胡寅　《送黄权守归八桂三首其一》
自甘门有雀，宁叹食无鱼。

麻雀科 Passeridae

家麻雀

麻雀属

拉丁名：*Passer domesticus*

英文名：House Sparrow

校园中常见于各处草地、树丛。头顶棕红，背栗红色具黑色纵纹，两侧具皮黄纵纹；雄鸟与树麻雀的区别在顶冠及尾上覆羽灰，耳无黑斑，喉及上胸略沾黑。雌鸟色稍淡，具浅色眉纹。

主要栖息在人类居住环境，季节性垂直迁徙或游荡。食性杂，主食植物性食物，繁殖期吃大量昆虫，一般为地方性留鸟。喜结群，除繁殖期间单独或成对活动外，其他季节多呈小群。叽喳嘈杂。

广泛分布于世界各地。因破旧建筑物减少，地表受到污染等，种群有所缩小。

1	
2	
3	
	4
	5

1. 仰望上空
2. 粮草皆食
3. 你追我赶
4. 想吞独食
5. 抢夺佳肴

唐　卢照邻 《文翁讲堂》
锦里淹中馆，岷山稷下亭。
空梁无燕雀，古壁有丹青。

树麻雀

麻雀属

拉丁名：*Passer montanus*
英文名：Tree Sparrow
别　名：霍雀、瓦雀、老家贼等

校园麻雀中最常见的一种，分布广泛。背红褐或棕褐，具黑色纵纹。额、喉黑，下体灰白，微沾褐色。额、头、后颈栗褐，头侧白色，衬有醒目黑斑，是区别于其他麻雀的明显特征。

食性与其他习性类似于家麻雀，不过更喜欢栖息于树丛，集群特征明显。

分布于中国各地乃至世界各地，最北可出现在挪威（北纬70°左右）。

	1	5	
2	4	6	7
3		8	

1. 青梅竹马
2. 上下呼应
3. 白颊黑斑
4. 五士盟会
5. 双栖双飞
6. 树雀舞神
7. 冬枝群雀
8. 单枝对鸟

宋　司马光　《和张文裕安寒十首》
雀噪聚林杪，樵歌下石巅。
寻幽不思返，坐啸夕阳偏。

113

石雀

石雀属

拉丁名：*Petronia petronia*

英文名：Rock Sparrow

校园偏僻处石板小路、混交林中见到。背羽棕褐斑纹醒目，羽缘清晰。嘴呈圆锥状，上嘴灰褐，下嘴粉红。虹膜褐，脚黄褐。雌雄相似。

主食草和草籽，也吃谷物、果实和昆虫。喜在裸露的岩石、草地处活动，于地面奔跑或并足跳动，飞行力强。鸣叫有时发出奇怪的金属声。

分布于古北界南部至中东、中亚和中国北方及蒙古。

	1
2	3
4	

1. 扭头探右
2. 探身为何
3. 夕阳雀影
4. 漫步石路

南北朝　江淹　《魏文帝曹丕游宴》
肃肃广殿阴，雀声愁北林。
众宾还城邑，何用慰我心。

鹎科 Pycnonotidae

绿翅短脚鹎（bēi）

短脚鹎属

拉丁名：*Hypsipetes mcclellandii*
英文名：Mountain Bulbul

见于校园西侧湿地旁林中。头羽蓬松、栗褐，颏喉灰色，上体灰褐缀橄榄绿色，两翅及尾部亮橄榄绿。颈侧棕红。嘴黑，脚铅灰。

栖息树林、竹林、灌丛、草地。常成小群活动。枝间跳跃、林上飞翔。主食果实与种子，亦食部分昆虫。叫声喧闹，清脆婉转。

主要分布于南亚，栖息带贯穿中国偏南部地区。

1. 墙边高枝
2. 垂枝诱人
3. 红果绿翅
4. 大快朵颐

灰短脚鹎

短脚鹎属

拉丁名：*Hemixos flavala*

英文名：Ashy Bulbul

常在校园乔木上及荷塘中见到。中等体形，略具羽冠，头顶深褐或黑色，耳羽粉褐，上体近灰，喉白，腹灰白。翼合拢时深褐，大覆羽浅色边缘，形成近黄色斑纹。虹膜褐红，嘴深褐，脚铅灰。

典型林栖型鹎。结小群生活，栖于山麓开阔林带及灌丛的中低层。叫声银铃般响亮，音调先升后降；也作沙哑声。

分布范围涉及喜马拉雅山脉、中国偏南部及东南亚等。

注：*Hemixos*与*Hypsipetes*为不同的属名，但中文译名皆为"短脚鹎属"。

		1	5	
				6
	2	3	7	
		4	8	

1. 荷梗帷幄
2. 小鹎望莲
3. 休息片刻
4. 青枝乌爪
5. 我自琢磨
6. 鹎栖松枝
7. 刚刚降落
8. 花下游戏

黄绿鹎

鹎属

拉丁名：*Pycnonotus flavescens*

英文名：Flavescent Bulbul

在校园结有果实的乔木上偶见。头顶浅褐。上体橄榄绿。颏、喉淡色或灰白，胸灰褐，羽缘橄榄黄色，尾下覆羽鲜黄。明显与其他鹎类不同，野外不难鉴别。

栖息于低山丘陵和平原的各种林缘地带。常呈小群活动。杂食性，主食植物果实与种子，也吃昆虫及幼虫。

分布于中国南部及南亚多国。黄绿鹎在中国分布区域狭窄，属稀有种类。

1. 粉嘴黄腹

2. 怎么回事

3. 鲜果诱惑

4. 金翅耀眼

5. 斜枝美鹎

6. 艳阳枝头

7. 平身低头

8. 下有动静

	1		
2	3		6
4	5	7	
		8	

119

白耳鹎

鹎属

拉丁名：*Pycnonotus leucotis*
英文名：White-eared Bulbul

常年出现于校园各处。头黑，耳部有不同程度的白斑，喉灰或污白，背灰，双翼橄榄绿，尾部基色灰黑。嘴尖下弯，嘴黑，脚黑。

栖于各类结果的乔木或荷株，喜食果实、草籽和各类昆虫，胆大不怕人。喜欢群居，少则十几只，多则百只，常与其他鹎类，甚至麻雀混栖。

见于中国西南、东南地区，也分布于印度次大陆、欧亚大陆及非洲北部。

		1		
				5
		3		
2				
		4	6	

1. 歇口气吧
2. 打理羽毛
3. 收起右翅
4. 黑头褐身
5. 单翅之舞
6. 勤梳翼羽

白头鹎

鹎属

拉丁名：*Pycnonotus sinensis*

英文名：Chinese Bulbul (Light-vented Bulbul)

别　名：白头翁

校园庭院树上及荷塘上常见。羽毛纹彩略不同。头顶白，或两侧各有大片白纹，喉部雪白，有别于白耳鹎。颊、耳羽、颧纹黑褐色，上体褐灰或橄榄灰，羽缘橄榄绿。嘴尖下弯，脚铅灰。

活动于灌丛中，结群于果树上。性活泼，不畏人。主食昆虫，兼素食。好食农林害虫，为益鸟，值得保护。

分布于东亚、欧亚大陆及非洲北部，我国中东部地区，长江南部种群数量还较丰富。白头鹎或为候鸟，冬季由北迁南，在南部或为留鸟。

	1	6	7
2	3	8	9
4	5	10	

1. 傲立枝头
2. 脚踏荷苞
3. 仰望晴空
4. 破壁取食
5. 扑向果子
6. 白头绿蓬
7. 美哉桑葚
8. 叼花高手
9. 十字身姿
10. 小歇樱丛

唐　王昌龄　《题灞池二首》

开门望长川，薄暮见渔者。

借问白头翁，垂纶几年也。

123

椋鸟科 Sturnidae

八哥

八哥属

拉丁名：*Acridotheres cristatellus*

英文名：Crested Myna

别　名：野八哥、鸲鹆、寒皋

校园树丛、药草园、草地、楼宇处常见野八哥身影。通体乌黑，额羽矛状成簇，绒黑辉亮。虹膜橙黄，嘴白或浅黄，脚乳黄。

喜栖山林、田园、村落、草坡。荤素兼食，常尾随农耕，啄食果实、种子及泥中小虫等小动物。有益农林保护。尤善鸣叫、学舌，模仿他鸟鸣叫和简单人语，故驯为宠鸟。野八哥具有千年驯养史，北宋周敦颐有诗为证。

广布东南亚各国，在中国南方数量多，为留鸟。

	1
	2
3	4

1. 尾端镶白
2. 红眼红爪
3. 欣赏蓝天
4. 天台八哥

宋　周敦颐 《鸲鹆》

铁衣一色应无杂，星眼双明自不花。
学得巧言谁不爱，客来又唤仆传茶。

家八哥

八哥属

拉丁名：*Acridotheres tristis*
英文名：Common Myna

校园中常见到，周身黑褐，与八哥的主要区别在于无冠羽，两翼中有白羽，飞行时暴露出白色翼闪。有的眼周暴露出黄色皮肤。虹膜偏红，嘴黄，脚黄。

喜栖城镇、田野、山林，活动于各种小环境，常结群在地面取食，荤素兼食。有时与其他鸟类混群。

分布于中国许多地域，也出现在南亚东、西部许多国家。

1	
2	
3	4
5	

1. 飞掠草地
2. 好奇八哥
3. 降落草坡
4. 三个哨兵
5. 三角阵列

黑领椋（liáng）鸟

斑椋鸟属

拉丁名：*Gracupica nigricollis*
英文名：Black-collared Starling
别　名：黑脖八哥、白头椋鸟

在校园西边界草地偶见。头部和下体白，上胸黑色，向两侧延至后颈，形成宽阔的黑色领环（故得名）。眼周裸皮黄色，虹膜黄，嘴黑，脚浅灰。雄雌差别较小，亚成鸟无黑领。

主要栖息于平原、草地、荒地、树丛等。以昆虫为主食，也食植物果实与种子。不时在空中飞翔，多在地上觅食，常成对或成小群活动，也见和其他椋鸟及八哥混群。鸣声嘈杂。

分布于我国东南沿海地区，也出现于南亚部分国家。

		1
2	3	4
5		

1. 黄色眼周
2. 警惕瞭望
3. 黑白分明
4. 揪出害虫
5. 相安二椋

灰背椋鸟

椋鸟属

拉丁名：*Sturnus sinensis*
英文名：Grey-backed Starling
别　名：噪林鸟

在校园树丛和草地上常年出现。雌鸟体色为偏暗之灰褐色，翼上白斑较小。雄鸟与其他椋鸟的区别在整翼上覆羽及肩部白色，通体灰色，头顶及腹部偏白，飞羽黑，外侧尾羽羽端白色。雌鸟翼覆羽的白色较少。亚成鸟多褐色。

主要栖息于空旷地与树上。吵嚷成群，取食昆虫、植物果实与种子。

分布于中国及南亚大片地区。

1	
2	
3	

1. 你走我留
2. 群椋乐园
3. 争夺枝头

丝光椋鸟

椋鸟属

拉丁名：*Sturnus sericeus*
英文名：Silky Starling

常出现在校园东西侧荒坡、草地。头、颈白色沾棕灰或黄褐。虹膜黑色，嘴朱红色，尖端黑色，脚橘黄色。上体银灰或蓝灰，尾部呈黑色、棕色或绿紫色金属光泽。胸灰褐，腹以下白色。雌鸟羽色褐、黑，丝光色泽偏弱。

主要栖息于阔叶丛林、针阔混交林、果园田地附近的稀疏林间，也出现于河谷和海岸。筑巢于洞穴中。迁徙时可结成大群。主要以昆虫为食，尤其喜食地老虎、甲虫、蝗虫等农林业害虫，也吃果实与种子。

是中国特有鸟种。分布于长江流域和华南地区等，部分为留鸟。

	1	5
2		6
3	4	7

1. 丝光美羽
2. 集合苇滩
3. 三五成群
4. 蓝丝白喉
5. 草上模特
6. 二椋相邻
7. 漫步草坡

红嘴椋鸟

椋鸟属

拉丁名：*Sturnus burmannicus*

英文名：Vinous-breasted Starling

校园里常见的体形略大的椋鸟。头部浅黄白，嘴鲜红，故得名。肩部羽色偏灰，两翼深蓝灰或黑色，飞行时初级飞羽基部的白斑明显。虹膜黄；脚橙红。

多见于热带开阔次生林、灌木林及河谷耕作区。在地面寻食蚯蚓及其他小型动物，结群进食，发出吱吱声。好奇心甚强；鸣声低微而单调。飞行迅速，当一只受惊起飞，其他则纷纷响应，整群而起。

	1			
2	3	6		
4	5	7		
		8		

1. 排风管头
2. 红嘴红脚
3. 安窝适否
4. 不容二鸟
5. 与楼有缘
6. 围圈游戏
7. 枯苇靓鸟
8. 谁敢抢占

131

灰椋鸟

椋鸟属

拉丁名：*Sturnus cineraceus*

英文名：White-cheeked Starling

别　名：高粱头

在校园树丛、草地、芦苇滩多处见到。体形较大，羽毛微具光泽。雄鸟自额、头、颈侧黑色，头部黑白交杂，背、肩、腰和翅上覆羽灰褐色。虹膜褐，嘴黑或橙红，跗蹠和趾橙黄。

性喜成群，常在林间和潮湿地面觅食。主要以鳞翅目幼虫、螟蛾幼虫、蚂蚁、虻、胡蜂、蝗虫、叶甲等昆虫为食，秋冬季则主要以植物果实和种子为主。

分布于欧亚大陆及非洲北部，在中国北方为夏候鸟，长江流域和长江以南地区为冬候鸟。

		1		5	
		3	6		7
2		4	8		

1. 花斑鸟头
2. 黄嘴黄脚
3. 红果到嘴
4. 争斗管头
5. 营巢树顶
6. 美果如玉
7. 矫健背影
8. 一探究竟

莺科 Sylviidae

淡黄腰柳莺

柳莺属

拉丁名：*Phylloscopus chloronotus*

英文名：Lemon-rumped Warbler

在校园小蠡湖周边树丛中常见的候鸟。具白色的顶纹和长眉纹、两道偏黄色翼纹，三级飞羽羽端白色。上体为橄榄灰绿，腰部黄色偏淡，头侧黄色斑纹不明显。虹膜褐，嘴色深，脚褐。

以昆虫为主食。鸣声悠长而尖细。

繁殖于中国西部和东部相对偏南的地区。

		1
		2
	3	4
	5	

1. 注意动静
2. 抢上枝头
3. 腰羽淡黄
4. 黄眉黄腰
5. 乱枝小莺

唐　李隆基 《春台望》
初莺一一鸣红树，归雁双双去绿洲。

黄眉柳莺

柳莺属

拉丁名：*Phylloscopus inornatus*
英文名：Yellow-browed Willow Warbler
别　名：槐串儿、树叶儿

常年出现于校园庭院树与河边柳树。浅乳黄色眉纹明显，头顶正中有顶冠纹。两翼有醒目白斑，体羽以橄榄绿色为主基调，后半部略带紫、灰色。虹膜褐，上嘴色深，脚粉褐。

性活泼，常结群，喜与其他小型食虫鸟类混群。叫声响亮、上扬。所食多是害虫，亦食杂草种子及植物种子，为控制农林害虫的益鸟，应大力保护。

指名亚种繁殖于中国东北，迁徙过程分布几乎遍及全国。

1	
2	3
	4

1. 你在看我
2. 行走干枝
3. 冬枝肥莺
4. 喜栖乱枝

唐　杜牧　《江南春》
千里莺啼绿映红，水村山郭酒旗风，
南朝四百八十寺，多少楼台风雨中。

双斑绿柳莺

柳莺属

拉丁名：*Phylloscopus plumbeitarsus*
英文名：Two-barred Greenish Warbler

常年出现于校园的杨树、柳树等乔木上，体形、外貌似暗绿柳莺，上体橄榄绿，色深不如暗绿柳莺。眉纹淡黄，下体白色，翅上两道浅色翼斑非常醒目，故得名。虹膜黑，嘴暗褐，脚浅褐。

繁殖期间常在茂密的树冠顶层活动，几乎完全以昆虫为食。叫声特别干涩，似麻雀。在我国的分布区域比较广泛。也分布于其他许多国家。

注：Willamson（1967）提出本种和暗绿柳莺之间未发现中间型，在自然状况下，产生生殖隔离的，应定名为独立种（*Phylloscopus plumbeitarsus*）。

	1
2	3
4	

1. 上有动静
2. 同伴呼唤
3. 明目灼灼
4. 我也好奇

宋　晏几道　《浣溪沙》
静避绿阴莺有意，漫随游骑絮多才。
去年今日忆同来。

暗绿柳莺

柳莺属

拉丁名：*Phylloscopus trochiloides*
英文名：Greenish Willow Warbler
别　名：柳串儿、绿豆雀、穿树铃儿

校园乔木上常见。上体橄榄绿带蓝灰，眉纹黄白色；翅上有两道翼斑，但前道不太明显；下体灰白或灰绿。雌雄两性羽色相似，虹膜褐，上嘴黑褐，下嘴基带黄，脚淡褐或近黑色。

常单只或成对或小群活动于森林、灌丛，甚至果园、居民点小树林中。性活跃，行动轻捷，不停飞窜，在树枝间捕食飞虫，有时亦到低树上或灌丛中觅食。

广为分布在中国中西部，也出现于东部，以及亚洲其他国家。

1	
2	4
3	
	5

1. 背羽多色
2. 细辨鸣声
3. 红脚纤纤
4. 淡眉绿腹
5. 上有虫子

唐　白居易　《琵琶行》
间关莺语花底滑，幽咽泉流冰下难。

画眉科 Timaliidae

黑脸噪鹛（méi）

噪鹛属
拉丁名：*Garrulax perspicillatus*
英文名：Masked Laughing Thrush

时常在校园林中和荒地上见到，头顶至后颈灰褐，体羽暗褐，颊有宽阔黑斑，宛如戴副黑眼镜，极为醒目，故得名。尾上覆羽转为土褐色。胸腹棕白或灰白沾棕，虹膜暗褐，嘴黑褐，脚淡褐。

喜出入乔木、荒地与人居环境中，常成对或成小群活动。杂食性，以昆虫为主食，也吃其他无脊椎动物、植物果实、种子和部分农作物。鸣声响亮，单调而粗涩。

分布于中国秦岭以南的东部地区，以及老挝、越南北部等地区。

		1
2		3
4		

1. 扑腾上树
2. 双鹛啼春
3. 初展尾羽
4. 高点观望

鸫科 Turdidae

红背红尾鸲（qú）

红尾鸲属

拉丁名：*Phoenicurus erythronotus*

英文名：Rufous-backed Redstart

常年栖息于校园混交林中，多见雌鸟。鸲古代也称"鸜"。雄鸟喉、胸、背及尾上覆羽棕色；两翼近黑，上有白色斑纹；尾棕红色，两枚中央尾羽褐色；腹部及尾下覆羽灰白。雌鸟体圆，背羽褐色，有白斑，尾似雄鸟；腹部浅棕黄，尾下白。虹膜黑，嘴黑，脚灰黑。

分布于中亚及中国大陆的东西部地区，一般常栖息于山地的石头上、多石的灌丛、山地针叶林带中。食性与习性类似于北红尾鸲。

1	
2	3
	4

1. 阶上瞭望
2. 暖冬雌鸲
3. 张翅欲飞
4. 有点好奇

宋 晁补之 《题宗室大年画扇四首》
鸲之仍鸲之，尔名今是非。

北红尾鸲

红尾鸲属

拉丁名：*Phoenicurus auroreus*
英文名：Daurian Redstart
别　名：灰顶茶鸲、红尾溜、火燕

在校园西侧较荒芜之处常年可见红黑醒目的鸲类。雄鸟头铅灰，背黑灰，颈、颏喉和上胸均为黑色，下背和两翅黑色白斑明显，下体全部橙红。雌鸟上体橄榄褐色，两翅黑褐且具白斑。虹膜黑，脚铅黑。

栖息于各种林地，主要以昆虫为食，其中约80%为农作物和树木害虫。常单独或成对活动。行动敏捷，在地上和灌丛间频繁地啄食虫子，偶尔也在空中飞翔捕食。

分布于亚洲东片从北到南的地区，在中国主要为夏候鸟和部分冬候鸟。中国古代艺术作品中有该鸟的形象。

	1	6	7
3	2		
	4	8	9
	5	10	

1. 桩头小歇
2. 动感双翼
3. 荡荡秋千
4. 色彩明快
5. 谁在呼我
6. 黑红斗艳
7. 草上望风
8. 翼斑醒目
9. 平衡有术
10. 蓦然回首

宋 王柏 《冬至和适庄即事韵》
燕豆来霜果，鸲瓶浸腊花。
葭浮才一日，芳思已无涯。

红胁蓝尾鸲

鸲属

拉丁名：*Tarsiger cyanurus*

英文名：Red-flanked Bush Robin

别　名：蓝点冈子、蓝尾杰、蓝尾欧鸲

不同季节、不同环境中皆见到这种体形略小、色彩艳丽的鸲。特征为两胁橘黄色，尾部蓝色。雄鸟背部可有蓝、灰绿、褐等不同的羽色。眉纹白，腹、臀白。亚成鸟及雌鸟褐色。虹膜褐，嘴黑，脚淡红褐或淡紫褐。

主要以昆虫为食，迁徙期间除吃昆虫外，也吃少量植物性食物。多在林下地上奔跑或在灌木低枝间跳跃，性甚隐匿，停歇时常上下摆尾。

在中国繁殖，越冬于长江流域和长江以南广大地区。迁徙季节和冬季亦见于低山丘陵和山脚平原的林丛中，秋季出现于果园和村寨附近的疏林、灌丛和草坡。

	1	5	
2	3	6	7
	4	8	

1. 好生奇怪
2. 宝蓝背羽
3. 蹁跹枝头
4. 枯枝蓝羽
5. 草坡寻宝
6. 歪头琢磨
7. 褐背红肋
8. 蓝衣仙者

宋　张埴　《十三日归天光云影堂》
几上玉鸪犹刮目，阶前金凤已衔花。

斑鸫（dōng）

鸫属

拉丁名：*Turdus eunomus*
英文名：Dusky Thrush

活跃于校园各处荒坡、草地与树丛中。中型鸫类，羽色变化较大，雌雄相似，喉与上胸有明显鱼鳞状黑斑或栗斑，故得名。雄鸟上体棕褐色。头顶至后颈、耳羽具黑色羽干纹；眼先黑色，眉纹呈长带状白斑。虹膜褐，嘴黑褐，下嘴基部黄色，脚淡褐。

主要栖息于各种类型森林和林缘灌丛地面，迁徙期间也出现于人居环境附近的林地。性活跃，不怕人。活动时常伴随着"叽-叽-叽"的尖细叫声，主要以昆虫为食，边跳跃觅食边鸣叫。

数量丰富，我国大部分地区可见，为旅鸟或冬候鸟，冬季主要见于长江以南。也见于东亚、欧洲、美洲局部地区。

	1	1. 樱枝小卧
2	3	2. 垂翅静立
		3. 枝头瞭望
4		4. 正面遭遇

灰背鸫

鸫属

拉丁名：*Turdus hortulorum*
英文名：Grey-backed Thrush

春秋季节见于校园各处林木与草地上。体形略小。雄鸟上体、头至背部呈石板灰，故得名。两翼与尾部黑褐，腹部棕红。虹膜褐，嘴黄，脚肉色。亚种羽色各异。

常单独或成对活动，和其他鸫类结成松散的混合群。习性与食性似其他鸫种。

灰背鸫主要在中国东北和俄罗斯远东地区繁殖，在中国南部越冬，迁徙期间经过我国东部大部分地区，是较常见区域性候鸟，种群数量较多。

1. 融入环境
2. 枝间小鸫
3. 石上观望
4. 黄嘴粉足

白眉歌鸫

鸫属

拉丁名：*Turdus iliacus*

英文名：Redwing

校园西侧边界草地中时常见到这种体形略小的浓褐色歌鸫。特点：两侧及翼底红色，眉纹奶白，故以"白眉"为名。与红尾型的斑鸫的区别在于下体具纵纹，而非鱼鳞斑。虹膜褐，嘴黑，脚灰褐。

冬季结群，常与其他鸫类混群。常在旷野地面取食。

原产自欧洲及亚洲的一种鸫，分布地有所拓展，有文献源介绍是土耳其国鸟。

	1
2	3
4	

1. 树上呆会
2. 三雄之会
3. 眼观八方
4. 静静聆听

唐　王维　《听百舌鸟》

上兰门外草萋萋，未央宫中花里栖。

亦有相随过御苑，不知若个向金堤？

乌鸫

鸫属

拉丁名：*Turdus merula*
英文名：Eurasian Thrush
别　名：百舌、反舌、乌鸪

校园留鸟，常年见于树丛、地面等各种环境，体形略大。雄鸟全黑，有的带胸斑。眼圈黄，嘴黄或黑中带黄。

栖息于林缘、村镇边缘。鸣声嘹亮，春日啭鸣，其声多变，尤善仿其他鸟鸣，故又称"百舌"。常结小群，地面跳动，以昆虫为食，为农林益鸟，亦食蚯蚓、种子和浆果。乌鸫胆小，眼尖，对外界反应灵敏，夜间受到惊吓时会飞离原栖地。

为我国长江流域，华南和西南各地常见留鸟，加大生态保护后，乌鸫数量恢复到自然水平。也分布于欧亚大陆、北非等地，是瑞典国鸟。从春秋时期至清朝，乌鸫备受国人喜爱，并入画、入诗。

1	
2	
3	4
	5

1. 越翘越高
2. 石上观察
3. 浑身乌黑
4. 紫翅斑腹
5. 大树为伴

唐　刘禹锡　《百舌吟》
笙簧百啭音韵多，黄鹂吞声燕无语。

红尾鸫

鸫属

拉丁名：*Turdus naumanni*
英文名：Naumann's Thrush

在校园东南面树丛和草地上偶见。尾部栗红，背色栗褐；胸部、两胁有红棕色鳞状斑纹。眼上有长而清晰的白色眉纹。眼黑，脚灰黑。

原定为斑鸫（*Turdus eunomus*）的北方亚种，最新分类研究将其独立为新种——红尾鸫。

好单独或小群在田野的地面上栖息。行走优雅，性娴静，杂食。

分布于我国北方地区，冬季也出现于东部山林、湿地区域。

	1
2	3
4	

1. 鳞状红斑
2. 嘴基橙黄
3. 挺起身板
4. 乌目红尾

灰头鸫

鸫属

拉丁名：*Turdus rubrocanus*
英文名：Chestnut Thrush

偶见于校园西侧偏僻小路。中型鸫类，头、颈和上胸深灰，背羽栗棕，颏灰白，尾下覆羽黑色，具白色羽轴纹和端斑。雌鸟似于雄鸟，但羽色较淡，颏、喉白色具暗色纵纹。虹膜褐，嘴和脚黄。

喜栖混杂林，甚至村寨和农田。夏季取食昆虫，冬季兼食植物种子。繁殖期间极善鸣叫，鸣声清脆响亮。

原产地亚洲中南部，主要分布于中国西部。中国东部生态环境渐好，也可见到灰头鸫。

1	
2	3

1. 腹有浅斑
2. 路旁等谁
3. 灰头赤身

绣眼鸟科 Zosteropidae

暗绿绣眼鸟

绣眼鸟属

拉丁名：*Zosterops japonicas*

英文名：Japanese White-eye

别　名：绣眼儿、绿绣眼、白目眶

常年栖息于校园乔木。上体橄榄绿，眼圈白，极为醒目。下体白色，颏、喉和尾下覆羽淡黄色。虹膜红褐或橙褐，嘴黑色，脚暗铅灰。

多在南方栖息，好食昆虫和花蕊花蜜。性活泼，在林间敏捷穿飞跳跃。鸣声婉转动听。非繁殖季常集群活动，冬季集群量达几十只。

分布于中国、日本、韩国、老挝、缅甸、泰国和越南。自古得到中华祖先的青睐，暗绿绣眼鸟曾被宋徽宗画入他的《梅花绣眼图》。该鸟的英文译名不一定恰当。

	1	6	7
2	3	8	9
4	5	10	

1. 白腹绒绒
2. 绿鸟白花
3. 同一目标
4. 俯身探查
5. 倒立之功
6. 倒栽取食
7. 小群聚会
8. 醉卧花间
9. 白眶绿背
10. 身姿奇特

宋 舒岳祥 《有感》
林外画眉谁妩媚，花间绣眼自便翾。

灰胸绣眼鸟

绣眼鸟属

拉丁名：*Zosterops lateralis*

英文名：Silver-eye

别　名：银绣眼鸟

常见于校园庭院树的花枝间。吸食花蜜和小虫。上体羽色为橄榄色，下体羽绒灰色，其他形态和习性似暗绿绣眼鸟。

原为大洋洲岛国特有的一种绣眼鸟，现散布到世界许多国家。也被当作宠物鸟驯养，甚至遭到野蛮捕捉。在生态良好的地区可见野生鸟。

	1	6	
2	3	7	8
4	5	9	

1. 聆听鸟鸣
2. 灰腹绿背
3. 置身花海
4. 樱红鸟艳
5. 一上一下
6. 白樱枝间
7. 白睚黑瞳
8. 疏枝肥鸟
9. 倒取花蜜

宋　洪咨夔　《晨起》

绣眼语丛竹，画眉啼断岗。

炊烟犹尘动，吾亦起歌商。

153

黄绣眼鸟

绣眼鸟属

拉丁名：*Zosterops senegalensis*
英文名：African Yellow White-eye

为校园常见的美鸟，春季尤其活跃，常在樱花树上见到。通身羽色金黄，十分引人注目，讨人喜爱。眼眶白色似其他绣眼鸟。食性、习性也基本相同。

在中国早就有观察、笼养绣眼鸟的习惯。随着人类跨洲活动频繁，据说原产于非洲中南部的黄绣眼鸟被带到了世界各地。现在中国许多生态保护区内出现。

		1		
2		3		7
		4	8	
	5	6	9	

1. 静卧垂枝
2. 抓紧吸蜜
3. 花红鸟艳
4. 黄衣白眶
5. 金甲红缨
6. 花蜜亲亲
7. 姿态各异
8. 春光明媚
9. 全神贯注

宋　舒岳祥
《三月二十九日立夏喜晴稍有自适意有
自旧京来》
白头偷果从渠乐，绣眼穿花不我虞。

主要参考文献
References

顾一群. 2006. 无锡山水. 南京：江苏人民出版社

郭冬生. 2015. 中国鸟类生态大图鉴. 重庆：重庆大学出版社

金性尧. 2012. 宋诗三百首. 上海：上海远东出版社

康 震. 2013. 唐诗三百首. 北京：中信出版社

雷富民. 2006. 中国鸟类特有种. 北京：科学出版社

李湘涛. 2002. 世界濒危与灭绝的鸟类. 北京：知识出版社

李云侠. 2013. 绿色情怀. 北京：科学出版社

马敬能. 2000. 中国鸟类野外手册. 长沙：湖南教育出版社

饶宗颐. 2016. 诗经. 北京：中华书局

史立群，王元青. 2001. 鸟类. 沈阳：辽宁教育出版社

上田惠介（解说），和田刚一（摄影）. 2001. 野鸟 282 种. 天津：天津人民美术出版社

张书清. 2009. 飞翔瞬间. 北京：中国大百科全书出版社

张毅明. 2002. 宜兴古韵. 北京：中国环境科学出版社

赵 芮. 2013. 无锡园林志. 南京：凤凰出版社

赵欣茹. 2015. 中国鸟类图鉴. 太原：山西科技出版社

郑光美. 2005. 中国鸟类分类与分布名录. 北京：科学出版社

郑作新. 1987. 中国鸟类区系纲要（上、下册）. 北京：科学出版社

中国动物主题数据库. http://www.zoology.csdb.cn/page/index. vpage

中国观鸟年报"中国鸟类名录"3.0. 2013

Colin Harrison. 1993. Birds of the World. London: Dorling Kindersley Publishing

Craig Robson. 2014. Birds of South East Asia. London: Bloomsbury Publishing PLC

David Alderton. 2008. The World Encyclopedia of Birds. Hermes House

David Bunnies. 2008. The Eyewitness of Bird. London: Dorling Kindersley Publishing

John James Auduson. 2011. 鸟类圣经. 西安：陕西师范大学出版社

Mark Brazil. 2009. Birds of East Asia. London: Bloomsbury Publishing PLC

校园野生鸟类保护列表

Protection Lists of Related Campus Birds

A——《世界自然保护联盟》(IUCN) 2012 年濒危物种红色名录

B—— 中国国家林业局 2000 年 8 月 1 日发布的《国家保护的有益的或者有重要经济、科学研究价值的陆生野生动物名录》

C—— 国家重点保护等级

D—— 认定为国鸟的国别

校园野生鸟名	A	B	C	D
绿翅鸭	√	√		
斑嘴鸭	√	√		
绿头鸭	√	√		
赤膀鸭	√	√		
白眼潜鸭	√	√		
金眶鸻	√	√		
灰头麦鸡	√	√		
水雉	√	√		
大滨鹬		√		
扇尾沙锥	√	√		
鹤鹬	√	√		
青脚鹬	√	√		
白腰草鹬	√	√		
泽鹬	√	√		
池鹭	√	√		
牛背鹭	√			博兹瓦纳
大白鹭	√	√		
黄嘴白鹭	√	√	Ⅱ	
小白鹭	√	√		
中白鹭	√	√		
小苇鳽	√	√	Ⅱ	

校园野生鸟名	A	B	C	D
黄苇鳽	✓	✓		
夜鹭	✓	✓		
赤颈鸊鷉	✓	✓	II	
小鸊鷉	✓	✓		
原鸽	✓			斐济
珠颈斑鸠		✓		
山斑鸠	✓	✓		
欧斑鸠	✓	✓		
普通翠鸟	✓	✓		博兹瓦纳、冈比亚
戴胜	✓	✓		以色列、卢森堡
小鸦鹃	✓	✓	II	
黑尾苦恶鸟	✓	✓		
红脚苦恶鸟	✓	✓		
白胸苦恶鸟	✓	✓		
白骨顶鸡	✓	✓		
黑水鸡	✓	✓		
暗色水鸡	✓			
红嘴鸥	✓	✓		
黑眉长尾山雀	✓	✓		
黑头长尾山雀	✓	✓		
银喉长尾山雀	✓	✓		罗马尼亚
红头长尾山雀	✓	✓		
纯色山鹪莺	✓			
灰喜鹊	✓	✓		
喜鹊	✓	✓		韩国、朝鲜
达乌里寒鸦	✓	✓		
黄嘴山鸦	✓			
白腰文鸟	✓			
斑文鸟	✓	✓		
燕雀	✓	✓		
金翅雀	✓	✓		
灰颈鹀	✓	✓		

校园野生鸟名	A	B	C	D
小鹀	√	√		
灰头鹀	√	√		
田鹀	√	√		
黑头蜡嘴雀	√	√		
黑尾蜡嘴雀	√	√		
家燕	√	√		
红背伯劳	√	√		
栗背伯劳	√	√		
红尾伯劳	√	√		
灰伯劳	√	√		
棕背伯劳	√	√		
黑额伯劳	√	√		
红喉鹨	√	√		
北鹨	√	√		
树鹨	√	√		
草地鹨	√	√		
黄腹鹨	√			
水鹨	√	√		
白鹡鸰	√	√		拉脱维亚
灰鹡鸰	√	√		
黑背鹡鸰	√			
日本鹡鸰	√	√		
黄鹡鸰	√	√		
灰喉鸦雀	√			
褐翅鸦雀	√			
红头鸦雀	√	√		
棕头鸦雀	√			
大山雀	√	√		
西域山雀		√		
家麻雀	√			
树麻雀	√	√		
石雀	√			

续表

校园野生鸟名	A	B	C	D
绿翅短脚鹎	√			
灰短脚鹎	√			
黄绿鹎	√			
白耳鹎	√			
白头鹎	√	√		
八哥	√	√		
家八哥		√		
黑领椋鸟	√	√		
灰背椋鸟	√	√		
丝光椋鸟	√	√		
红嘴椋鸟	√	√		
灰椋鸟	√	√		
黄眉柳莺	√	√		
暗绿柳莺	√			
黑脸噪鹛	√	√		
红背红尾鸲	√			
北红尾鸲	√	√		
红胁蓝尾鸲	√	√		
斑鸫	√	√		
灰背鸫	√	√		
白眉歌鸫	√			土耳其
乌鸫	√			瑞典
红尾鸫	√			
灰头鸫	√			
暗绿绣眼鸟	√			
灰胸绣眼鸟	√			
黄绣眼鸟	√			

* 本校园野生鸟类中 97% 左右被列入各类保护范围，呼吁珍惜爱护。

百鸟竞啼 Birds in Campus

中文鸟名索引

Index of Bird Species in Chinese

拉丁鸟名索引

Index of Bird Species in Latin

后 记
Postscript

《百鸟竞啼》即将出版，她拟见证一所高水平大学的优质生态与特色文化。至今仍有人不肯相信这样的奇迹，从 2015 年到 2017 年间，由个人摄录到的江南大学校园野生鸟类竟达到 120 种。自 2003 年，江南大学蠡湖新校区建设伊始就有了清晰的生态目标定位——曲水流觞，生态校园。为了这简单的八个字，全校教职员工付出了极大的努力，也因为有了这八个字，校园逐渐成了鸟类天堂。

草长平湖白鹭飞

新校区建设至 2007 年，百万平方米的建筑面积已投付使用。校园留出不低于 40% 的绿化区域，包括中心湖泊、贯通南北的中央水道和护校河在内，水系约占校园总面积的 12%。"草长平湖白鹭飞"，校园生态环境的顶层设计为日后吸引野生鸟类打下了良好的基础。

陈至立同志曾三临学校，多次提及"有水则灵"，对学校确立"曲水流觞，生态校园"的理念和规划备加肯定。如今，江南大学成了全国进步最快的大学之一，综合实力已跻身全国大学五十强之列，生态建设成果颇具影响力，每年数百批参观团队前来取经。"林花著雨燕支湿，水荇牵风翠带长"，用杜甫的诗句形容这所美丽校园，恰到好处。难怪国外来宾纷纷赞誉：这样的校园环境在全球大学中也不多见。

我今庭中栽好树

种在行道、滨水带、庭院、专植园、点缀区的一些树木颇有些来历。一是，保留原生树种，如留下了村办铜材厂小楼的同时，也保护了楼前的龙须柳；二是，移植老校区的大树，老树伴随学校筚路蓝缕，发展壮大，它代表着一种亲情，一份寄托，今天校园中巨粗的樟树就是最好的见证；三是，名人留绿，来校指导的大师与名人也留下了他们的爱心，专植园中有蒋树声副委员长种下的玉兰树，唐英年夫妇的枸橼树，生物工程学院楼旁有季克良校友夫妇认植的香樟；四是，董事单位与个人捐植，老校友返校认植，每届毕业生认一片校友林，这也是校友怀念青春年华的载体。董事单位捷太格特公司捐植的樱花林，成了初春时节图书馆前靓丽的风景线；五是，园林单位和专家的馈赠，大大丰富了花木品种；六是，政府部门热情鼎助，无锡市水利局为南区水系疏浚并植绿，农林局在国家重点实验室楼前捐植红枫，现在皆已交苍叠翠，姹紫嫣红。

校园绿化由教授级高工领衔，通过顶层设计，四处引种，自建苗圃，逐年积累，植适宜于本地水土之苗木，种花果能吸引鸣禽的乔木与灌木，养护留得住涉禽的水生植物与芦苇。十余年来，校园植物品种累计 2000 余种。

如今校园绿化面积超过 42%，精心设计的生态，科学理性的绿化，不仅得到人们欣赏，也受到鸟类的青睐。加上学校地处城市生态保护区环圈内，这里很快就成了野生鸟类的天堂。仅十余年时间，在校园里来来去去，被个人拍摄到的野生鸟类已计 9 目，29 科，55 属，115 种。其中少数属于国家二级保护动物，10 种左右则被其他国家认为国鸟。毫不夸张地说，如今校园里无处不见鸟踪影，无时不闻鸟鸣声。

鸟去鸟来山色里

刚开始，拍摄野生鸟类的行动有些随意，三年前的一天，有教师咨询，说在校园西侧拍到的鸟好像是戴胜。意识到校园可能隐藏着珍贵的鸟种，拍摄者开始以校园野生鸟为重点拍摄对象。预测鸟类活动规律既靠耳闻目睹，又靠偶然运气。镜头也得更新换代，甚至长焦距上再套放大镜头。尽量远距离拍摄，不干扰野生鸟类的正常生活。

鸟去鸟来山色里。观察的时间长了，就知道哪些是留鸟、哪些是候鸟、哪些是旅鸟，哪些鸟种总是清晨出巢觅食，哪些喜好傍晚出动捕猎，哪些喜欢在庭院树中栖息，哪些总躲在校园边界人烟稀少处活动。寒暑假期间，总能拍到罕见的鸟种，如夏时小蠡湖上偶见美丽的凌波仙子——水雉。丙申末、丁酉初，小蠡湖上来了稀客——绿翅鸭、斑嘴鸭等。走着走着，不时遇到扑翅而来新的鸟种；拍着拍着，不断感受初旭与夕阳赋予鸟儿的魅影。

人和鸟之间存在默契。那次纯色山鹪莺发现拍摄者后，非但没有逃离，反而抓住苇穗又摇又叫，拍了几张生动的姿态后，才发现原来它的窝就在附近，这是鸟对人的警告或威慑吧，你还是知趣点，趁早离开。鸟儿对经常出现在眼前的拍摄者，习惯了他的身形，会放松警惕，柳莺有时玩起了观察—反观察的把戏，它也在琢磨那个略带反光的镜头是个什么玩意儿。珠颈斑鸠总是大大咧咧，等你走得近了，突然决定转移，发出巨响的扑翅声，但不会逃之夭夭，取其身影还算方便。不知何时，戴胜成了这里的常客，它们敢于从校园边界向中心地带转移，假期中甚至造访教学楼周边，每每从泥中揪出虫蛹，便张冠自庆，好不得意。更妙的是金翅雀，钟情于葵籽，却担心斗不过大鸟，它们会利用拍摄者相对接近至大鸟惊飞，才蜂拥而至，纷飞打斗，抢食葵籽，动感十足。

如随啼鸟识花情

鸟儿是灵性尤物。如随啼鸟识花情，观察过程中，发现鸟儿有着绝妙的情愫。家燕喜欢在大餐厅屋檐下做窝，难道不怕人多嘈杂？也许知道师生非常文明，且这里拥有取之不尽的美食。有一天突然发现一个鹊巢外周缠着丝丝缕缕废弃的黏胶带，鹊的智商可真是不亚于七岁孩童。翠鸟喜欢倒栽葱直插水下捕大鱼，它何以咽得下这大块头，只见它叼着鱼，朝着枯枝上使劲摔打，再迅速吃掉挂在树杈上的碎肉，翠鸟的聪慧可不一般！现在明白艳翠之身为何敢暴露于色差悬殊的环境。红冠水鸡一家七口的窝从苇丛中转移到河边废弃的木质平台下，也许这里出入方便，隐蔽舒适。红嘴椋鸟天生好奇，怎么与楼外的排水管头较上劲了，难道想利用它做窝？它们时常为抢占这个管头而激烈打斗。牛背鹭、小白鹭等会尾随翻土机而行动，新大楼破土动工，新翻土中就有它们的佳肴。鸟类有时表现出与人类相似的情绪，伉俪之间也会互不买账，瞧那对红头长尾山雀，公雀很强势，叽叽喳喳，教训配偶，可母雀扭头朝天，一脸的不屑一顾。

好像鸟类也有啃老族。出窝多日的小燕迟迟不肯自食其力，老是黄口大开，等待喂食；大山雀幼鸟的块头已接近母亲，也懒得试飞，嗷嗷待哺。一只老大不小的喜鹊酷少更是夸张，不仅赢得母亲溺爱，还得到其他长辈的眷顾。仔细观察，还发现有时金翅雀的翻飞打斗，实为亚成鸟在争夺哺食的机会。环境的优化推迟了幼鸟的成熟期，有的逐渐发展为晚成鸟。鸟类啃老，人亦如此。古有少帅年仅二八，便跨马横刀，随父出征，拓土扩疆。今全球范围内，三十不立，依然向父母伸手的大有人在。

从进化角度看，适应能力强，善繁殖哺幼，食谱较宽泛的鸟种具有更大的遗传优势，鸟类学会互利共生也很重要。鹭和鹬的栖息条件相近，食谱也类同，照说应是竞争关系，可拍摄过程中常见鹭鹬为邻，相安无事。原来它们各取的食物大小不同，更重要的是，小鹬紧挨着大鹭感到安全。椋鸟很喜欢混群，不同种、不同色的椋鸟喜欢在枯苇滩上集体觅食，其间总有警觉分子，遇到情况不妙，一呼惊群，遁飞无影。幼年的红冠水鸡和斑嘴鸭则比较独立，离开母亲后，兄弟姐妹抱团活动，打斗嬉戏尽童趣之乐，相互照应促发育成年。

人类、植物、鸟类之间存在妙不可言的三角共生关系。三者都是大自然的杰作、不可多得的尤物。试想没有树和鸟的地球，那还是人类值得留恋的家园吗？这些年校园里的树多了，也引来了病虫害，可是鸟儿来了，它们忙着消灭树上的成虫和土中的幼虫，花木何不乐哉，愈发长得强劲。于是农药少喷了，化学污染减少了，这片土地上的人们才是最大的受益者。我们整理校园野生鸟类真实的照片和故事，旨在呼吁大家继续保护这片"曲水流觞，生态天堂"！也祝福年轻的学子在美丽怡人的江南大学校园里健康成长！

老友新朋施援手

"中国国家友谊奖"获得者 C. Shoemaker 教授，作为三十多年如一日，为本校发展作出很大贡献的资深国际专家，他对本书及"江南大学文化书系"其他分册的英文部分予以校正和润色；广东大学生命科学学院原院长、生物学家吴毅教授与黄河湿地国家级自然保护区的朱瑞琪副研究员曾为鸟类属种的确认给予精心指导；还有本校姜靓老师对版面格局的清新设计，专此一并表示最衷心的感谢与敬意！

2017 年 8 月